野外地质工作手册
THE GEOLOGICAL FIELD GUIDE HANDBOOK

（上册）

中国地质调查局西安地质调查中心　编著

中国地质大学出版社
CHINA UNIVERSITY OF GEOSCIENCES PRESS

内容简介

新时代地质工作需全力支撑能源、矿产、水、稀有金属等资源安全保障,精心服务生态文明建设和自然资源管理中心工作。野外地质调查是认识各类地质现象最直接的工作手段之一,是认识地球系统演变、资源能源效应和环境变化等科学问题的有效途径之一,更是地球系统科学研究的基础。本手册从沉积岩、变质岩、岩浆岩、构造变形4个方面系统阐述了野外地质调查和研究工作的内容及方法,旨为从事地质调查和研究工作的人员在野外工作中提供指南。

本手册适合从事地质调查、资源能源勘查及科学研究等工作的相关人员参考。

图书在版编目(CIP)数据

野外地质工作手册(上册)/中国地质调查局西安地质调查中心编著. —武汉:中国地质大学出版社,2021.6(2024.6 重印)
ISBN 978-7-5625-5013-6

Ⅰ.①野…
Ⅱ.①西…
Ⅲ.①地质调查-野外作业-手册
Ⅳ.① P622-62

中国版本图书馆 CIP 数据核字(2021)第 070070 号

野外地质工作手册(上册)		中国地质调查局西安地质调查中心　编著	
责任编辑:韦有福	选题策划:韦有福　王凤林		责任校对:张咏梅

出版发行:中国地质大学出版社(武汉市洪山区鲁磨路388号)　　邮政编码:430074
电　　话:(027)67883511　　传　　真:67883580　　E-mail:cbb@cug.edu.cn
经　　销:全国新华书店　　　　　　　　　　　　　　　　　http://cugp.cug.edu.cn

开本:889毫米×1194毫米　1/32　　　　　　　　　字数:487千字　　印张:18.125
版次:2021年6月第1版　　　　　　　　　　　　　　印次:2024年6月第4次印刷
印刷:湖北新华印务有限公司

ISBN 978-7-5625-5013-6　　　　　　　　　　　　　定价:150.00元(上、下册)

如有印装质量问题请与印刷厂联系调换

《野外地质工作手册》编委会

技术指导：计文化　王永和　张　进　陈社发

主　　编：李建星　高晓峰

编　　委：辜平阳　王　凯　陈奋宁　查显峰　陈锐明　孟　勇

余吉远　白建科　王　欣　康　磊　李　平　卜　涛

郭　琳　过　磊　王　虎　朱晓辉　李　猛　黄博涛

唐　卓　张　越　计　波　庄玉军　王静雅

前　言

《野外地质工作手册》是在中国地质调查工作开启转型和改革实践过程中编制完成的。野外第一手资料获取和对地质现象的系统性认识是后续室内分析和研究工作的基础，尤其是地球系统科学理念的提出，要求地质调查和科学研究对野外地质现象和规律做到全要素的采集与分析。根据中国地质调查局关于中外合作地质填图总体部署，中国地质调查局西安地质调查中心先后完成中国－澳大利亚、中国－加拿大合作填图以及特殊景观区试点填图工作，在系统总结中外合作填图经验和西北地区地质填图实践的基础上编制了《野外地质工作手册》。本手册从沉积岩、变质岩、岩浆岩、构造变形4个方面，系统介绍了野外地质现象，重点阐述了野外地质现象形成机制、不同野外地质现象的内在联系及野外记录的要点，尤其是对以往野外观测中被遗漏和重视不够的地质现象进行了较为详细的分析。总之，本手册较为全面地分析和总结了野外地质现象，是开展野外地质调查和研究工作者的重要参考指南。

本手册是中国地质调查局西安地质调查中心从事基础地质调查和研究工作的人员多年野外实践经验的总结，也是国内外地质调查和研究工作者成功经验的推广，同时借鉴了西方欧美国家填图的技术方法。由于编著者的水平有限，加上时间匆忙，本手册中难免有疏漏与欠妥之处，恳请读者不吝指正。

编著者

2021 年 3 月

目 录

沉积岩篇

1 绪 论 ··· 3
  1.1 专业工具 ·· 3
  1.2 其他野外测量仪器 ·· 5
  1.3 全球定位系统（GPS）在沉积岩研究中的应用 ··· 6
  1.4 野外安全和野外工作注意事项 ························ 6

2 沉积岩类型 ·· 10
  2.1 主要岩石类型 ··· 10
  2.2 砂岩 ··· 12
  2.3 砾岩与角砾岩 ··· 17
  2.4 泥岩 ··· 20
  2.5 灰岩 ··· 21
  2.6 蒸发岩 ··· 32
  2.7 铁质岩 ··· 35
  2.8 燧石 ··· 38
  2.9 磷酸盐沉积（磷灰岩） ································· 40
  2.10 富有机质沉积 ·· 41
  2.11 火山碎屑沉积 ·· 42

3 沉积岩结构 ·· 55
  3.1 沉积物的粒度和分选性 ································ 55
  3.2 颗粒形态 ·· 58

	3.3 胶结类型 ·································	59
	3.4 结构成熟度 ·······························	61
	3.5 砾岩和角砾岩的结构 ·······················	61
	3.6 固结和风化程度 ···························	63
	3.7 颜色 ···································	65
4	沉积构造和沉积物的几何形态 ·····················	69
	4.1 概述 ···································	69
	4.2 侵蚀构造 ································	71
	4.3 沉积构造 ································	74
	4.4 灰岩（包括白云岩）中的沉积构造 ·············	104
	4.5 同生变形构造 ·····························	115
	4.6 生物成因的沉积结构 ·······················	129
	4.7 沉积物的几何形态和侧向相变 ·················	142
5	化石的野外研究 ·································	148
	5.1 概述 ···································	148
	5.2 化石的分布和产出 ··························	152
	5.3 化石的组合和多样性 ·······················	156
	5.4 骨骼的保存（埋藏）和成岩作用 ···············	161
6	古水流分析 ·····································	163
	6.1 概述 ···································	163
	6.2 指示古水流的沉积构造 ······················	163
7	沉积相分析、沉积旋回和沉积序列 ·················	170
	7.1 概述 ···································	170
	7.2 沉积相分析 ·······························	170
	7.3 沉积相模式和沉积环境 ······················	172
	7.4 沉积旋回和层序地层学 ······················	172

8 沉积盆地分析 · · · · · · 203
8.1 沉积盆地的基本概念 · · · · · · 203
8.2 沉积盆地的分类 · · · · · · 203
8.3 离散型板块边缘盆地 · · · · · · 204
8.4 汇聚型板块边缘盆地 · · · · · · 207
8.5 走滑（转换）型边缘盆地 · · · · · · 214
8.6 与碰撞造山有关的盆地 · · · · · · 217
8.7 克拉通盆地 · · · · · · 220

变质岩篇

1 变质岩的分类和命名 · · · · · · 225
1.1 变质岩物质成分的基本特征 · · · · · · 225
1.2 分类与命名 · · · · · · 229
1.3 变质岩的主要岩石类型 · · · · · · 240

2 变质岩的结构与构造 · · · · · · 244
2.1 变质岩的结构 · · · · · · 244
2.2 变质岩的构造 · · · · · · 245

3 变质岩岩石组合的调查与研究 · · · · · · 246
3.1 变质地（岩）层岩石组合的调查与研究 · · · · · · 246
3.2 变质深成岩的调查与研究 · · · · · · 251
3.3 特殊变质岩的观察与研究 · · · · · · 255

4 变质岩的构造观测与研究 · · · · · · 260
4.1 面理的识别与测量 · · · · · · 260
4.2 线理的识别与测量 · · · · · · 262
4.3 褶皱构造观测 · · · · · · 264
4.4 韧性剪切带的观测与研究 · · · · · · 266

5 变质岩原岩恢复 ····· 267
5.1 地质产状和岩石组合标志 ····· 267
5.2 岩相学标志 ····· 269
5.3 岩石地球化学标志 ····· 269
5.4 副矿物标志 ····· 270
5.5 锆石作为变质岩原岩恢复的标志 ····· 271

6 变质相（带）及变质作用类型划分 ····· 274
6.1 变质相（带）的划分 ····· 274
6.2 变质作用类型划分 ····· 276

7 变质岩大地构造环境分析 ····· 279
7.1 变质岩原岩形成的构造环境 ····· 279
7.2 变质岩形成的大地构造环境 ····· 279

8 不同类型造山带变质岩特征分析 ····· 281
8.1 陆缘造山带 ····· 281
8.2 陆间造山带 ····· 283
8.3 陆内造山带 ····· 285

9 变质作用与成矿 ····· 286
9.1 概述 ····· 286
9.2 变质矿床的基本特点 ····· 286
9.3 变质矿床分类及实例 ····· 287
9.4 常见的变质矿床 ····· 288

沉积岩篇

1 绪 论

本篇旨在提供一个沉积岩野外描述的指南。本篇介绍了如何识别常见的沉积岩岩性、结构、沉积构造，以及如何记录和测量这些特征。本篇中还专门介绍了怎样在野外研究化石，因为化石常常出现在沉积岩中，并且对古环境分析非常有用。此外，本篇对沉积序列的解译作了一个简要介绍，包括沉积相、相组合、沉积旋回和层序地层学。最后介绍了沉积盆地分析方面的内容。

1.1 专业工具

除了野外笔记本（一般大小约为20cm×10cm）、钢笔、铅笔、适当的服装、登山鞋和背包以外，野外地质工作者的基本装备还包括地质锤、钢钎、放大镜、罗盘、卷尺、瓶装盐酸、样品袋和记号笔。GPS接收器不仅在偏远地区有用，在其他地区也是很有用的。安全帽在悬崖下和采场工作时有保护作用，护目镜在锤击岩石时可以保护眼睛，因此这两件安全保护用品也应该带到野外，以备不时之需。相机可用于拍摄野外地质照片。地形图和地质图以及相关的文献资料也应该带上。如果预期要做大量的岩性编录和剖面测量工作，那么应将事先准备好的纸张和图表带到野外。一些用得上的、非地质专用的东西也可以放进背包，如口哨、急救包、火柴、应急食物、小刀、雨衣等。

对于大多数沉积岩来说，使用0.5~1kg的地质锤就够了。此外，对野外地质现象露头要注意保护，以便后来的地质工作者也能看到这些露头。在很多情况下，没有必要用地质锤破坏露头（尤其是具有重要地质意义的露头），因为有可能会在地面上捡到松散的新鲜岩石碎块。如果预计有大量的采样工作，则准备一套钢钎会非常有用。

放大镜是必不可少的工具。建议使用10倍放大镜,因为借此可以观察到小至100μm的矿物颗粒及其特征。把放大镜贴近眼睛,10倍放大镜的视域直径大约是10mm。为了知道在放大镜下看到矿物颗粒的大小,可以用毫米刻度的尺子来测量粒径。对于灰岩而言,在新鲜断口上用湿布擦净可以更容易看出颗粒大小。

罗盘不仅可以用来测量常规的倾角、走向和其他构造产状,还可以用来测量古水流方向,但一定要记住校正罗盘的磁偏角,磁偏角通常会在地区的地形图上标注出来。还应当注意电线、铁塔、金属物体(如地质锤)和某些岩石(如基性－超基性火成岩体、条带状含铁建造等)可能会影响罗盘的读数,甚至会给出虚假的读数。一卷皮尺或钢尺(最好是几米长的),在测量岩层厚度和沉积构造规模时是很有必要的。长度为1m、带有刻度的棍棒可能在详细的剖面测量时有用。带有毫米－厘米刻度的罗盘,可以用来测量砾石和化石之类物体的大小。

用塑料瓶装的盐酸(浓度约10%)可以用来识别钙质沉积岩,如果在盐酸中滴一些茜素红S就可以用来区别白云岩和灰岩(灰岩的染色为粉红色,白云岩不染色)。用于装样品的塑料袋或布袋,以及在手标本上写样号的记号笔(最好是用防水、快干的墨水)也是必要的。易碎的手标本和化石应仔细包装,以防破损。

采集现代沉积物和未固结的岩石样品时需要一把泥刀/铁铲。将一个长0.5～1.5m的透明塑料管(直径5～10cm)插进现代沉积物,可以获取简易岩芯。采用环氧树脂布剥离(epoxy-resin cloth peels)方法,可以在剖面上采集松软的砂质沉积物样品。这种采样方法是由Bouma(1969)提出的,大体步骤如下:在沉积物中切出一个直立剖面→在切面上喷洒环氧树脂→在沉积物上蒙上一层薄纱织物或棉布,然后再喷上环氧树脂→待树脂凝固后(大约需要10min),再小心翼翼地把布剥离下来。这样,一层薄薄的沉积物就粘在布上，可显示出各种沉积构造。然后轻轻刷掉或抖掉多余的脱黏的沉积物。以这种方式处理现代海滩、沙丘、河流、潮坪和沙漠沉积物是理想的。也可以将玻璃纤维泡沫（fibre-glass foam，一种有害物质）喷洒在松散沉积物上来采取样品。

1.2 其他野外测量仪器

偶尔可以带上更先进的仪器去野外测量沉积岩的某些特殊属性。一般来说，这些属性的测量是更详细、更深入的科学研究的一部分，而不是常规沉积学研究的内容。这些仪器包括小型渗透仪、磁化率记录仪（卡帕仪）、伽马射线能谱仪、探地雷达（ground-penetrating radar）设备，以及激光扫描仪（Light Detection and Ranging，简称为LIDAR）。

小型渗透仪是用于野外测量岩石渗透率的便携式仪器。

在野外测量沉积岩的磁化率相对容易，尽管大多数沉积岩的磁化率很低，但泥岩及其他有机质和铁含量较高的岩石磁化率一般比较高。通过间隔几厘米的系统测量，可以建立一个磁化率地层层序，并由此识别出沉积旋回和韵律（尤其是在盆地相中）。

伽马射线能谱仪是用来测量岩石的自然伽马辐射的。它可以用来测定一个地层序列的黏土含量，从而区分不同类型的泥岩，也可以用来测定泥质砂岩和灰岩的黏土含量变化。伽马射线能谱仪的野外测量资料能用于地表露头的对比，以及地表露头与地下岩性的对比。

探地雷达是一种探测地下浅部沉积物的构造和组成变化的有用技术。例如在现代泛滥平原和海岸平原，可以探测出地表下的点砂坝和牛轭湖充填等沉积单元。

露头的激光扫描可以产生一个用于3D成像软件包的、高分辨率的数字图像。利用激光扫描资料可以非常精确地测量断层产状和岩层厚度等地质要素，然而这种仪器非常昂贵。一个地区的更多信息还可以通过多光谱遥感技术和数字高程模型（DEMs；也被称为数字地形模型 DTMs）来获取，后者可以展现出一个地区的地形起伏。利用这些技术，可以建立地质建造的 3D 数字图像。

1.3　全球定位系统（GPS）在沉积岩研究中的应用

全球定位系统（GPS）正在成为一个在野外确定位置的标准设备，而且它可以用于测量沉积剖面。GPS 可以非常精确地确定位置，并且它所给出的经纬度坐标（或公里网坐标）可以记录在野外笔记本和编录表中。这个设备还能帮助你从一个地方行进到另一个地方，或找到某个指定位置，或返回原处。GPS 读数的准确性取决于若干个因素（品牌和型号、使用时间、设计和修正、定位方法）。普通 GPS 的精度通常为 5～30m，使用差分全球定位系统（DGPS）并进行校正，精度可以达到 3m 之内。然而，使用 DGPS 必须建立基准站。

现在的 GPS 接收器有较好的记忆功能，这样一天甚至一周的所有读数都可以保留，能够追溯所走过的地方或再次考察某个具体地点。在没有特殊地物、地形、地貌的地区，GPS 是非常有用的，而且 GPS 接收器的数据可以直接下载到电脑上，使行踪记录永久保存。

除了可以确定所在位置的优点之外，相比使用地图和卷尺，GPS 能更精确地测量大、中型构造。对于宽达几百米或更宽的地质体，如河道充填、礁体、砾岩透镜体等，均可以通过几个 GPS 测量结果来更好地估算它们的规模。使用激光测距仪可以精确地测量远处的物体（如悬崖上的地质特征），并且可以更精确地了解你离某地有多远。

1.4　野外安全和野外工作注意事项

只要采取一些基本的和明智的预防措施，野外工作应该是安全、愉快且非常有益的经历。野外地质工作是一项涉及某些固有的风险和安全隐患的活动，例如在海滨、采场、矿山、河流和山区工作，就有一定的风险。此外，恶劣的天气条件在任何季节都可能出现，这也会给野外地质工作（尤其是在山区或海滨）带来困难。野外工作的一个重要能力是自我依赖，以及应对单独工作或在一个小群体内工作的能力，同时要对自己在野外的安全负责，但仍然可以采取一些简单的预防措施来避免或减少风险。

- 必须穿合适的衣服和鞋袜，以应对各种可能会遇到的天气和地形条件。每天出野外之前应尽量查明所去地区的天气情况。在野外应对天气变化时刻保持警惕，如果天气恶化要毫不犹豫地返回。

- 具有良好鞋底的登山鞋通常是必不可少的，运动鞋是不适合山区、采场和崎岖地区的。

- 应按照经验和培训获得的知识以及地形与天气条件，仔细地制订计划工作。注意不要过高地估计可以完成的工作量。

- 学习在山区和坍塌区工作的安全守则，尤其要了解暴露在危险区的安全隐患。所有地质工作者都应该学习急救知识。

- 一种很好的做法是，在出野外之前留下一张便条，最好附上一张简图，上面标明预期工作区的位置和路线、与谁一起工作，以及返回工作单位的时间。

- 了解在紧急情况下（如事故、疾病、坏天气、黑夜）如何求救。熟悉国际遇险求救信号：6声响哨、手电筒闪光或挥舞亮色布条，每隔一分钟重复进行。

- 随身携带一个小急救包、一些应急食品（巧克力、饼干、薄荷蛋糕、葡萄糖片）、一个生存包（或大塑料袋）、哨子、手电筒、地图、罗盘和手表。

- 在老采场、悬崖、小石子陡坡、洞穴以及有高空坠物风险的地方工作时，都要戴安全帽（最好有下巴带）。尤其是在访问正在施工的采场、矿山和建筑工地时，必须戴安全帽和安全眼镜，穿能见度高的衣服和登山鞋。

• 尽可能避免用地质锤乱敲，做一名野外露头保护者。

• 用地质锤敲打岩石或使用钢钎时，应戴防护眼镜（或带有塑料镜片的安全眼镜），以防飞出的碎片伤害眼睛。

• 不要把地质锤当成钢钎使用，也不要用地质锤相互敲击。

• 在附近没有人时用地质锤敲击岩石，不要把岩石碎片遗留在路上或路边。

• 要有环保意识，对工作区的人、动物和植物要有爱心。

• 采集标本和样品时，不要破坏有特殊化石和稀有矿物的现场，不要采集过量的标本和样品。

• 在悬崖边和采场的边坡附近（或者其他任何陡峭处）时，要特别小心（尤其是遇到狂风时），以免滚落或被上面掉下来的石块砸伤。

• 在进入陡壁底部以前，要确保上方的岩石是安全的，不会掉落。采场中被炸药炸松的岩壁尤其危险，应特别小心。

• 避免在不稳定的、向外伸出的悬空岩石下工作。

• 避开陡峭山坡上松动的岩石。

• 不要在另一个人的正上方或正下方工作。

• 绝不在山坡或悬崖上向下滚石头。

• 不能在陡坡上往下跑。

• 谨防山体滑坡和泥石流以及从任何悬崖上滚落的岩石。

• 避免接触采场、矿山和建筑工地的任何机械或设备。遵守安全规则、爆破警告程序以及官方给出的任何指令。开车时要注意路面和周围环境，避免陷入泥潭。

• 除非你是一个很有经验的登山者，并且有同伴，否则不要单独攀爬悬崖、岩壁或峭壁。

• 在海岸高水位线以下的滑溜岩石上行走或攀爬时要十分小心,并且要随时留心凶猛的海浪。地质工作者在石质海岸边发生的事故,甚至死亡的事件,比其他任何地方都多。

• 在公路和铁路两旁观察地质现象时,要当心来往车辆。

• 除非你很有经验并有适当的装备,否则不要随便进入老矿山的巷道或其他洞穴系统。

• 避免被潮水困在潮间海滩或海崖下面,应当了解当地潮汐和海浪的信息,并特别注意潮差。

• 许可:进入私人领地必须获得业主的许可。在许多国家公园和自然保护区,以及具有特殊科学价值的地点或保护地,必须有官方许可才能采样。在某些情况下,即使只在这些地区开展野外考察和科学研究(不采样)也要获得许可。

• 风险评估:现如今在很多情况下,有必要在开始野外工作之前进行风险评估。这可能会涉及保险方面的要求,以及提交工作方案,并获得有关许可等。进行风险评估有利于预先考虑可能遇到的各种问题,并做好相应的准备。

2 沉积岩类型

2.1 主要岩石类型

在野外鉴定沉积岩类型,需要注意的两个主要特征是矿物组成和粒径。根据成因,沉积岩大体可以分为 4 类(表 2-1)。

表 2-1 沉积岩的 4 种主要成因类型

陆源碎屑	生物化学 – 生物成因 ——有机沉积	化学沉积	火山碎屑
砂岩、泥岩、砾岩、角砾岩	灰岩、白云岩、煤、磷灰岩、燧石岩	铁岩、蒸发岩	由火山灰等火山碎屑物质组成,如凝灰岩

最常见的岩性有砂岩、泥岩和灰岩(白云岩)。其他岩石类型包括仅在局部发育良好的蒸发岩、铁岩(ironstone)、燧石岩、磷酸盐岩、火山碎屑岩。

在某些情况下,可能不得不反复考虑所面对的岩石是否是沉积成因。例如杂砂岩看起来非常像辉绿岩或玄武岩,尤其是在离开露头的手标本上。下述特征的存在通常表明岩石为沉积成因:成层状;在层面上和层内发育沉积构造;化石;经过搬运的颗粒或砾石(即碎屑);沉积成因的特征矿物(如海绿石、鲕绿泥石)。

2.1.1 陆源碎屑岩

陆源碎屑岩主要由碎屑颗粒(尤其是硅酸盐矿物和岩石碎片)组成,包括砂岩、泥岩、砾岩和角砾岩。

砂岩主要由直径为 0.06～2mm 的颗粒组成。通常层理明显,沉积构造一般发育在层内和层面上。

砾岩和角砾岩均由粗碎屑(中砾、粗砾、巨砾)组成,基质为砂质或泥质物质。砾岩中的砾石更圆一些,而角砾岩中的砾石则棱角分明。

泥岩由直径小于 0.06mm 的细粒物质组成，主要是黏土矿物和粉砂级的石英。许多泥岩中层理不发育，并且出露不好，颜色多变，化石含量也不稳定。

随着泥/泥岩粒度的增加，就变成了砂/砂岩，再进一步就变成了砾/砾岩，当然也有这三者的混合物。图 2-1 显示了黏土/粉砂/砂以及泥/砂/砾相混合的有关术语。砂岩和泥岩频繁互层的沉积岩被称为异粒岩相（heterolithic facies）。

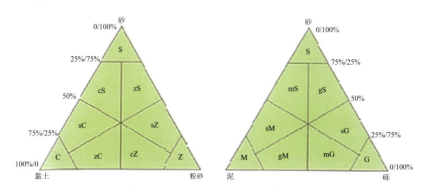

图 2-1 砂（S）、粉砂（Z）和黏土（C）的混合物（左图），以及砂（S）、泥（M）和砾（G）的混合物（右图）的分类图解

物质成分：s.砂质；z.粉砂质；c.黏土质；m.泥质；g.砾质
岩石类型：S.砂岩；M.泥岩；Z.粉砂岩；G.砾岩；C.黏土岩

2.1.2 灰岩和白云岩

灰岩由大于 50% 的 $CaCO_3$ 组成，因此滴稀释的盐酸时灰岩会起泡。许多灰岩呈灰色，但是白色、黑色、红色、浅黄色、乳白色、黄色也都是常见的灰岩颜色。灰岩中常见化石，有时数量庞大。

白云岩由大于 50% 的 $CaMg(CO_3)_2$ 组成。它遇稀释的盐酸反应很小（研成粉末的白云岩冒泡较多），但是用稍热或更浓的盐酸，反应就会更强一些。在盐酸中加入茜素红并滴在灰岩上会变成粉红色—紫红色，而滴在白云岩上则不会变色。白云岩多呈乳黄色或棕色，并且一般比灰岩硬。大多数白云岩是由灰岩发生交代作用形成的，因而在许多情况下原生构造很少保留。白云岩中一般化石贫乏，但有晶洞（不规则的孔洞）存在。

2.1.3 其他岩性

石膏是地表唯一常见的蒸发矿物，一般是在泥岩中以非常细小的晶体组成的团块形式出现。此外，由纤维状石膏组成的脉体也比较常见。蒸发岩（如硬石膏和石盐）只出现在地球上非常干旱的地区。

铁岩包括层状、结核状、鲕状和交代状等成因类型。在露头上它们一般风化成锈黄色或褐色。与其他沉积岩相比，铁岩会感觉重一些。

燧石岩多为隐晶质或微晶质的硅质岩，以坚硬的岩层或结核形式出现在其他岩性（特别是灰岩）中。燧石岩多呈深灰色、黑色或红色。

沉积型磷酸盐岩或磷灰岩主要是由骨骼碎片/磷酸盐结核组成的。磷酸盐本身通常是隐晶质、无光泽的，在新鲜断面上呈褐色或黑色。

有机沉积物中的硬煤、褐煤和泥炭是大家比较熟悉的，油页岩可以通过它的气味和深颜色来识别。

火山碎屑岩（包括凝灰岩）是由火山物质（主要是熔岩碎屑、火山玻璃和晶体）组成的。火山碎屑岩的颜色多样，但因绿泥石化而多呈绿色。它们在露头上一般风化严重。火山碎屑一词表明其物质直接来源于火山活动，而表生碎屑（如岩屑流和河流沉积物）则是次生沉积物，是火山碎屑物质经过再次搬运后沉积的。

2.2 砂岩

砂岩是由5种成分（岩屑、石英颗粒、长石颗粒、基质和胶结物）组成的。其中基质是由黏土矿物和粉砂级石英组成的，在大多数情况下,这些细粒物质是随着砂粒一起沉积的。它可以来自不稳定颗粒的破碎中,黏土矿物也可以在成岩作用中沉淀于孔隙中。胶结物(主要为石英和方解石)也是在成岩作用中沉淀于颗粒周围及颗粒之间的。成岩作用中形成的赤铁矿会将砂岩染红。

砂岩的成分极大地反映了源区的地质和气候条件。某些颗粒和矿物的机械与化学性能比其他颗粒与矿物更为稳定。按稳定性下降的矿物排序是石英、白云母、微斜长石、正长石、斜长石、普通角闪石、黑云母、辉石、橄榄石。成熟度低的砂岩含有许多不稳定的颗粒(岩屑、长石和镁铁质矿物),成熟度高的砂岩由石英、少量长石和岩屑组成,而极成熟砂岩几乎全部由石英组成。一般来说,成熟度低的砂岩沉积于离源区较近的地方,而极成熟砂岩则是长距离搬运和反复磨蚀的结果。因此,砂岩的矿物成分受控于源区的岩性及其风化程度,以及搬运距离。

普遍接受的砂岩分类方案是根据岩石中的石英(+燧石)、长石、岩石碎屑和基质的百分比含量来分类的(图2-2)。除上述碎屑外,还含有非碎屑岩(如碳酸盐岩)颗粒的砂岩,被称为混合砂岩(hybrid sandstone),将在

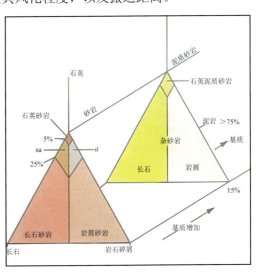

图 2-2 砂岩的分类图

sa. 亚长石砂岩;sl. 亚岩屑砂岩

后续章节中提及。砂岩的成分是用显微镜和计点器对岩石薄片作

矿物含量分析得出的。

在野外用放大镜仔细观察岩石,可以识别出砂岩的主要类型,如石英砂岩、长石砂岩、岩屑砂岩和杂砂岩;通常还可以估计砂岩的成分,并对其命名。另外,通过放大镜还可以估计砂岩中基质的含量,从而确定它是砂岩还是泥质砂岩(基质含量>15%)。为了可靠起见,还应在实验室里通过岩石薄片鉴定来进行检验。

砂岩中岩屑和矿物颗粒的鉴别最好在新鲜断面上进行。根据图2-3可估计砂岩中各种组分的含量。

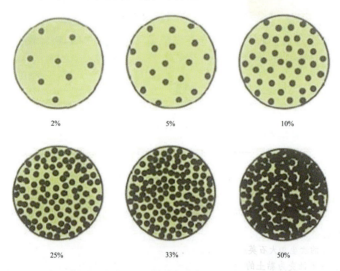

图2-3 岩石中颗粒或生物碎屑(化石)或晶体百分比的粗略估计图

石英颗粒呈乳白色,透明状,具玻璃光泽(图2-4),无解理,但是具有贝壳状断口。石英颗粒一般具有次生加大的生长边,后者成为砂岩的胶结物。次生石英晶体表面平滑,可以吸收光线(图2-4)。长石颗粒通常不同程度地被黏土矿物交代(从轻微交代到完全交代),交代后的长石一般呈白色,也可能呈粉红色。在新鲜断面上通常可以见到解理面和双晶面,因为它们是反光的。

在露头上,许多砂岩中的长石颗粒被溶解了,从而形成多孔状、以石英为主的易碎砂岩。岩屑颗粒可以通过它们的复合性矿物成分及多变的颜色来识别(图2-4),并且这些颗粒可能会蚀变(如绿泥石化)。云母可以通过其薄片状(几毫米宽)的特征来辨认,白云母呈银灰色,较少见的黑云母呈黑褐色。

图2-4 3种砂岩类型的表面近照

a.澳大利亚西部二叠纪浅海相极成熟石英砂岩,由石英(明亮乳白色,玻璃光泽)和晶面反光的次生加大石英胶结物组成;b.英格兰西北部二叠纪风成相成熟的长石石英砂岩,其中蚀变为黏土的长石颗粒呈白色,一些次生加大的石英反光,颗粒表面因附有赤铁矿而被染成红色;c.英格兰东北部石炭纪河流相岩屑砂岩,其中泥岩岩屑呈灰褐色,蚀变为黏土的长石呈白色。颗粒直径约为1mm

砂岩中的某些胶结物可以在野外鉴别出来。方解石可以通过滴盐酸来识别。此外,许多胶结物为粗粒(宽度为几毫米甚至达1cm)嵌晶,其中包含有几个砂粒。这些嵌晶的解理面借助放大镜很容易被看到,方解石的解理面借助反光用肉眼就可以看到。作为胶结物的石英通常是围绕石英颗粒形成的次生加大生长边。

这种生长边一般发育晶面并有明显的边界，这些也可以用放大镜看到，或借助反光用肉眼识别（图 2-4）。

2.2.1 石英砂岩

石英砂岩是成分极成熟的砂岩。它们通常是在高能浅海环境下沉积的，或者是沙漠中风成堆积的产物（图 2-4a）。在石英砂岩中沉积构造（尤其是小、中、大型的交错层理）很常见。因为仅含石英，则石英砂岩（尤其是在浅海环境中形成的石英砂岩）的颜色一般为白色或浅灰色。风成石英砂岩由于包裹石英颗粒的薄层赤铁矿的浸染，一般呈红色。石英砂岩的胶结物一般为石英和方解石。

通过沉积物的淋滤作用，不稳定的颗粒被溶解掉，则也可以形成石英砂岩。致密硅岩（ganister）一种发育在煤层下。含有植物根系（黑色有机质条带）的岩层就是通过这种方式形成的。

2.2.2 长石砂岩

长石砂岩中的长石含量较高（＞25%），但是在露头上长石颗粒可能会发生蚀变，尤其是可能变为高岭石。许多长石砂岩呈红色或粉红色，原因是岩石中含有粉红色的正长石，或者是由赤铁矿染色所致。如果不注意层理，某些粗粒长石砂岩看起来很像花岗岩。多数长石砂岩的颗粒呈次棱角状到次圆状不等，分选中等，颗粒之间的基质含量较高。许多长石砂岩是在半酸性气候条件下，通过相对快速的侵蚀和沉积作用形成的。河流体系（冲积扇、辫状河）是长石砂岩的典型沉积环境，尤其是在其源区出露花岗岩和花岗片麻岩时，更有利于长石砂岩的形成。

2.2.3 岩屑砂岩

岩屑砂岩的成分是多变的，这主要取决于其中的岩屑类型。在千枚砂岩（phyllarenite）中泥质沉积岩碎屑占主导地位，在灰屑岩（calclithite）中以灰岩碎屑为主。在某些岩屑砂岩中，火成岩或变质成因的岩石碎屑比较普遍。在一般情况下，野外观察就足以确定岩石为岩屑砂岩，但更准确的分类就必须依赖显微镜下的岩石学研究。尽管岩屑颗粒会呈现出各种颜色，但岩屑砂岩中大量存在的还是长石和石英（图 2-4c）。许多岩屑砂岩属于三角洲和河流沉积物，但是它们也可以在其他环境下沉积。

2.2.4 杂砂岩

杂砂岩大多数较硬，呈浅灰色到深灰色，含大量基质，长石和岩屑较普遍，一般可用放大镜辨认清楚。虽然杂砂岩的形成不受环境限制，但是很多杂砂岩是在相对深的盆地中通过浊流沉积的，因而具有浊积岩的典型沉积构造（如底面构造、粒序层理和内部纹层），杂砂岩一般向上变细成为泥岩。

2.2.5 混合砂岩

混合砂岩含有一种或多种非碎屑岩成因的组分，如自生矿物海绿石或方解石颗粒（鲕粒、生物碎屑等）。海绿石砂含有细粒海绿石（钾铁铝硅酸盐矿物）和不定量的硅质碎屑砂粒。海绿石在沉积物缺乏的海洋大陆架环境中更易形成。

灰屑砂岩含有较多的（10%～50%）碳酸盐颗粒（通常为骨骼碎片或鲕粒）。如果岩石中碳酸盐颗粒的含量大于 50%，就称为砂质灰岩。在灰屑砂岩中，$CaCO_3$ 是作为胶结物存在的。

若想了解砂岩成分和矿物方面的更多信息，就必须采集手标本，并制作薄片来观察。研究砂岩的岩相（与砂岩的岩石学特征不同）对于揭示沉积物的来源和沉积古地理是极为重要的。

2.3 砾岩与角砾岩

在这两种沉积岩的描述中，碎屑类型和岩石结构这两个关键特征是很重要的。其他用于这种粒径大于 2mm 的、粗粒硅质碎屑沉积岩的术语有砾屑岩（粗粒沉积岩）和混积岩（分选差的陆源沉积岩，一般无钙质，为砾石 - 砂 - 泥的混合物；若无胶结物，则可称为杂砾岩）。巨角砾岩（megabreccia）是指由非常大的岩块角砾组成的沉积岩。

根据碎屑成因，可以将砾岩和角砾岩区分为内碎屑、外碎屑。内碎屑是指来源于沉积盆地内部的砾石，多为海底或河道内的泥岩和灰泥岩（lime mudstone）经过准同期的侵蚀而形成的碎屑，或者是由海岸、湖泊边缘、潮坪等地的沉积物发生干裂而形成的碎屑。外碎屑是指来源于沉积盆地以外的碎屑，因此它要比包含它的沉积岩年龄更老（图2-5）。

图2-5　外碎屑

位于东帝汶岛的古近系和新近系的复成分砾岩，其中长5～10cm、磨圆好的砾石由脉石英（白色）和其他沉积岩组成，基质为粗砂质。

复成分砾岩含有多种不同类型的砾石，单成分砾岩仅含有一种类型的砾石。

在砾岩和角砾岩中，外碎屑的重要性在于能够提供有关沉积物的源区，以及当时在该地出露的岩石信息。为了使砾石的统计工作有意义，统计的砾石数量应不少于数百个（有时还需要统计数量较少的砾石）。如果可能的话，应当对同一地层剖面上不同层位的砾岩，以及工作区不同地点相同层位的砾岩进行砾石的统计研究，然后将每一处的统计结果绘制成直方图或饼状图。对于整个砾岩序列，可将各种碎屑类型的含量按照不同的宽度投影为柱状图（图2-6）。这些资料可以显示，在沉积期间同一源区因隆升剥蚀而出露的岩性随时间的变化情况，或者显示有几个不同的物源供给区。

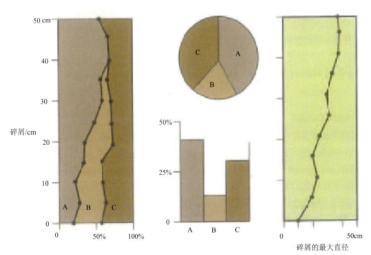

图 2-6　砾岩碎屑统计资料的图示

将碎屑成分（A、B、C三种类型）的含量按照层序和5m的观察间距投影在砾岩序列中（左图），或投影为饼图（中上图）和直方图（中下图）；将碎屑的最大直径按层序投影（右图）

岩石结构对砾岩沉积机制的解释是很重要的，必须将颗粒支撑的砾岩（又叫正砾岩）与基质支撑的砾岩（副砾岩，又叫混积岩）区别开来。应当测量砾石的形态、大小和方位，岩层的厚度和几何形态，以及各种沉积构造。

砾岩和角砾岩沉积于各种环境中，尤其是在冰川、洪积扇和辫状河中。冰川沉积（一般为混积岩）中的砾岩可能具有条痕和擦痕。河流沉积的砾岩可能是红色的，或者与泛滥平原沉积的泥岩互层。沉积于滨海和浅海环境的砾岩可能含有海相化石，并且砾石（尤其是灰岩砾石）可能含有钙质生物的钻孔和包壳。砾岩也可以通过岩屑流和高密度浊流沉积于深水环境，在这种情况下，砾岩通常与含有深水化石的泥岩互层。

一些特殊类型的角砾岩包括崩塌角砾岩（collapse breccia，是由灰岩的溶解作用形成的，类似于岩溶崩塌角砾岩）、陨石撞击角砾岩、火山角砾岩和构造角砾岩。

2.4 泥岩

所有岩性中最多的是泥岩，但是在野外，由于泥岩粒度太细，一般很难描述。泥岩是一个广义术语，主要由粉砂（4～62μm）和黏土级（<4μm）物质组成。粉砂岩和黏土岩分别是以粉砂和黏土级物质为主（>75%）的沉积岩。黏土岩可以根据其极细的粒度和均一的外表来识别，而含有粉砂或砂的泥岩摸起来带有砂感。

页岩具有易分裂性（fissility）特征，多呈纹层状，可以沿着层理分裂成大致平行的薄片。而泥岩缺乏易分裂性，一般具有块状结构。泥板岩（argillite）是一种较硬的泥岩，而板岩则发育劈理。泥灰岩（marl）是一种钙质泥岩。泥岩变粗为粉砂岩和砂岩，与黏土－粉砂－砂和泥－砂－砾的混合物有关的术语见图 2-1。

泥岩主要由黏土矿物和粉砂级石英颗粒组成，其他矿物也可能会出现。泥岩中有机质的比例可达百分之几或更高，随着含碳量的增加，泥岩的颜色变深，最后成为黑色。用地质锤敲击富含有机质的岩石时会产生一种特殊的气味，敲击岩石后闻一闻锤头便可以闻到这种气味。

泥岩中一般发育结核，通常是由方解石、白云石、菱铁矿或黄铁矿组成。很多泥岩都含有化石,包括需要在实验室析取的微体化石。然而,大化石一般在埋藏过程中由于泥岩的压实作用而被挤压破碎。

实际上,泥岩可以沉积在任何环境中,特别是在泛滥平原、湖泊、低能海滨、潟湖、三角洲、外大陆架和深海盆地中。泥岩的沉积学特点以及所含的化石对于沉积环境的解释是很重要的。

在野外,一旦确定了泥岩的类型,就可以用 1~2 个与其显著或典型特征有关的形容词来描述它。野外记录的内容包括泥岩的颜色、易分裂程度、沉积构造、矿物成分、有机质或化石的含量(表 2-2)。

表 2-2 泥岩的特征及描述术语

泥岩特征	描述术语
记录颜色	灰色、红色、黑色、绿色、杂色
看泥岩怎样破裂	易分裂(页岩)、非易分裂(泥岩)、劈理化(板岩)、块状、土状、纸状
寻找沉积构造	层状、纹层状、生物扰动、根痕、块状(貌似无构造)
查看非黏土矿物	石英质、云母质、钙质、石膏质等
估计有机组分的含量	富含有机质、含沥青、含碳、有机质贫乏
寻找化石	含化石、含笔石、含介形类等

2.5 灰岩

与砂岩一样,灰岩的野外描述方法也是很有限的,细节只能通过薄片鉴定来揭示。构成大多数灰岩的 3 种主要成分是碳酸盐颗粒、灰泥/微晶(微晶方解石)和胶结物。主要颗粒包括生物碎屑(骨骼颗粒/化石)、鲕粒、似球粒和内碎屑。许多灰岩可以与砂岩直接类比,是由在海底滚动的、砂粒级碳酸盐颗粒组成;而其他灰岩可以与泥岩对比,是由细粒的、石化的灰泥(即泥晶或灰泥岩)组成。某些灰岩是通过碳酸盐骨骼的生长在原地形成的，如礁灰岩，或通过微生物垫（原来为海藻垫）将沉积物圈闭和黏结而形成的，如叠层石和微生物纹层岩，或通过微生物沉淀形成的，如凝块叠层石和钙华。

现代沉积物中的碳酸盐颗粒由文石、高镁方解石和低镁方解石组成。灰岩通常只含有低镁方解石，原生文石被方解石交代，原生高镁方解石失去了一部分镁。文石颗粒很少能保存下来，一般仅作为化石出现在不渗透的泥岩中，某些灰岩中出现由原来的文石化石和鲕粒溶解后留下的孔洞。灰岩中由成岩作用引起的其他重要变化是白云岩化和硅化。

虽然地质记录中的大多数碳酸盐岩是在浅海（从潮上到浅海潮下）中形成的，但是灰岩也可以沉积于湖泊环境，或作为远洋浊积层沉积于深水环境。结核状灰岩（也可能呈纹层状和似球粒状）可以在土壤中发育，被称为钙结砾岩或钙结层。

2.5.1 灰岩成分

骨骼颗粒（生物碎屑/化石）是许多显生宙灰岩中的主要成分。骨骼颗粒的类型取决于沉积环境因素（如水温、深度、盐度），以及无脊椎动物的演化阶段及其在当时的多样性。骨骼物质主要来自软体动物（双壳类和腹足类）、腕足类、珊瑚、棘皮动物（尤其是海百合）、苔藓虫、钙质藻类、层孔虫和有孔虫。其他较少见或地方性的类群有海绵类、甲壳类（尤其是介形类和藤壶）、环节动物和竹节石。组成碳酸盐骨骼的原生矿物各不相同，而灰岩中生物碎屑的保存程度就取决于它们的原生矿物类型。原来由低镁方解石组成的骨骼颗粒，如腕足类、部分双壳类和龙介虫等，一般保存良好；原来由高镁方解石组成的骨骼颗粒，如海百合、苔藓虫、钙质红藻、四射珊瑚等，通常也保存较好，但可能会受到某种程度的蚀变；原来由文石组成的生物碎屑，如双壳类、腹足类、六射珊瑚和绿藻等，一般很少保存，它们可能被完全溶解掉了而仅保存为铸模，或由粗粒方解石晶体（亮晶方解石）组成。

在野外，应尽量鉴定出灰岩中碳酸盐骨骼的主要类型。对于大化石，应尽可能在野外鉴定到科，然后在实验室里进一步鉴定出属/种。如果碳酸盐骨骼化石保存得足够好，就可以对它们进行古生物学研究。需要查明的是，骨骼化石是否处于其生长位置，如果是，应进一步查明它们是构成灰岩的格架还是作为障碍物圈闭于沉积物内，这些均是典型的礁相沉积特点。

鲕粒是球形或近似球形的颗粒，直径一般为 0.2～0.5mm，大者可达几毫米（图 2-7）。大于 2mm 的鲕粒被称为核形石或豆石（图 2-8），它们通常是微生物成因的。鲕粒是由围绕一个核心的同心状包壳组成的，核心通常为碳酸盐碎屑或石英颗粒（图 2-7）。大多数现代海相鲕粒是由文石组成的，在中古生代和侏罗纪—白垩纪中形成的古老鲕粒通常是由方解石组成的，其他时代的鲕粒原来是由文石组成的，现在为方解石或鲕状穴。

图 2-7　英格兰东北部侏罗纪鲕粒状灰岩的近照，其中一些毫米级大小的鲕粒呈同心构造

图 2-8　墨西哥白垩纪核形石生物碎屑泥粒灰岩。微生物成因的核形石（oncoids）直径为 1～2cm

似球粒是泥晶灰岩中近似球状或长条状的颗粒（长度一般小于 1mm），它们原来是生物的排泄物或蚀变的生物碎屑。

内碎屑是改造过的碳酸盐沉积物碎片。很多内碎屑为长达数厘米的薄片，是由潮坪灰泥的干裂或准同期剥蚀（特别是风暴作用）形成的。由这种方式形成的层内砾岩有时被称为竹叶状砾岩或片状砾岩。内碎屑集合体是在沉积过程中由几个碳酸盐碎片胶结在一起形成的。

泥晶是许多生物碎屑灰岩的基质，也是细粒灰岩的主要成分，是由粒径小于 $4\mu m$ 的碳酸盐颗粒组成的。许多现代碳酸盐泥（泥晶灰岩的前身）是生物成因的，是由碳酸盐骨骼（如钙质藻类）裂解形成的。古老灰岩中泥晶的成因还不清楚，但很难排除直接的或间接的无机成因。

亮晶（spirite）包括亮晶状方解石、方解石亮晶，以及在某些情况下（特别是在前寒武纪碳酸盐岩中）发育的白云石亮晶。亮晶是一种透明（有时为白色）状、粗粒状、等轴状的胶结物，沉淀于颗粒之间的孔隙中或较大的孔洞中（图2-9）。

图 2-9 晚前寒武纪碳酸盐岩中的胶结物

在一个同沉积的孔洞（长为3cm）中，边部有一层深色、等厚的纤维状海相胶结物，内部充填的是在埋藏过程中形成的粗粒白色晶体（白云石亮晶）。孔洞内部还含有早期胶结物的碎片（摄于美国加利福尼亚州）

尽管亮晶可以在靠近地表的淡水中沉淀，但它主要是在埋藏过程中形成的胶结物。纤维状方解石也是一种胶结物，它可以成为其他颗粒和化石的包壳，也可以沿孔洞的边部呈带状分布（图2-9）。纤维状方解石通常是海相成因的，在礁相灰岩、泥丘和层状孔洞构造中比较常见。

2.5.2 灰岩类型

目前使用的灰岩分类方案有3种（表2-3）。按照福克（Folk）的分类方案，常见的灰岩类型有生物亮晶灰岩、生物泥晶灰岩、鲕粒亮晶灰岩、球粒亮晶灰岩和球粒泥晶灰岩。礁灰岩（biolithite）是指通过碳酸盐生物（如生物礁）原地生长形成的灰岩，或通过沉积物被微生物垫圈闭和黏结形成的叠层石。

表2-3 灰岩分类方案

(a)

内碎屑粒径/mm			
<0.01	0.01~0.1	0.1~2	>2
泥屑灰岩	粉屑灰岩	砂屑灰岩	砾屑灰岩

(b)

主要成分	灰岩类型	
	亮晶胶结	泥晶基质
鲕粒	鲕粒亮晶灰岩	鲕粒泥晶灰岩
似球粒	球粒亮晶灰岩	球粒泥晶灰岩
生物碎屑	生物亮晶灰岩	生物泥晶灰岩
内碎屑	内碎屑亮晶灰岩	内碎屑泥晶灰岩
原地生长：礁灰岩		
细粒灰岩+原生孔隙：鸟眼灰岩		

(c)

结构特征			灰岩类型
无灰泥	颗粒支撑		粒状灰岩
含灰泥	灰泥支撑	颗粒≥10%	泥粒灰岩
			瓦克灰岩
		颗粒<10%	泥状灰岩
在沉积过程中，组分被有机质黏结			生物黏结灰岩

注：(a)按内碎屑粒径分类；(b)按主要成分分类，如有必要可以加前缀，如生物-鲕粒亮晶灰岩（福克分类方案）；(c)按主要结构特征分类（邓哈姆分类方案）。

在邓哈姆分类方案中,常见的灰岩是粒状灰岩、泥粒灰岩、瓦克灰岩和泥状灰岩。生物黏结灰岩与礁灰岩相当。其他几个术语被用来描述礁相灰岩(如各种生物黏结灰岩):生物构架灰岩(framestone)、障积灰岩(bafflestone)和黏结灰岩(bindstone)(图2-10)。生物构架灰岩是指由碳酸盐骨骼组成格架的灰岩,如粗枝状珊瑚通常成为灰岩的骨架。障积灰岩是指以生物作为障板捕获沉积物的灰岩。更多的细枝状骨骼,包括苔藓动物或者单体垂直生长的生物(如厚壳的双壳类和一些珊瑚),通常形成障积灰岩。板状珊瑚、片状钙质藻类和微生物垫则形成黏结灰岩。

在粗粒的、含有化石的生物碎屑灰岩中,悬粒灰岩是指生物碎屑被细粒沉积物支撑的灰岩,砾屑灰岩是指生物碎屑(直径大于2mm)相互接触的灰岩(图2-10)。礁灰岩的最后一种类型是以海相胶结物为主的胶结灰岩。

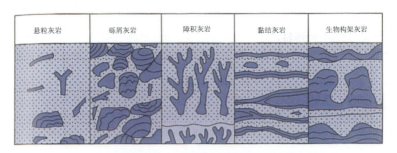

图2-10 各种灰岩的外貌素描图

在野外,通过使用放大镜仔细观察沉积物的结构和成分,可以确定灰岩的类型。尽管在细粒灰岩中不太可能区分基质和胶结物,但颗粒的主要类型一般是不难识别的。

在野外,灰岩的表面通常是被风化过的(尤其是在苔藓类植物的作用下更容易风化),这导致岩石的特征很难观察,因此,一般要观察岩石的新鲜面。如果用湿布擦一下岩石,并用放大镜观察,可以清楚地看到其中的颗粒。

由于雨水或者地下水的溶蚀作用，灰岩中会经常出现小孔洞和大小不等的洞穴。洞穴堆积物（钟乳石和石笋）可能会出现在这些洞穴中，由纤维状方解石组成的纹层（流石）经常覆于灰岩的表面。这类现代产物经常出现在温暖潮湿的地区，不要错误地把它们当成古老的沉积物（古喀斯特）。此外，现代形成的、胶结的灰岩角砾和钙质土壤（钙结砾岩/钙积层）经常出现在灰岩地区（特别是半干旱地区），不要错误地将其当成古老的沉积物。

灰岩的结构在野外描述中也很重要。但是要记住，在碳酸盐沉积物中，骨骼颗粒的大小、形状、磨圆度和分选性不仅与原始骨骼的大小和形状有关，而且与它们在沉积环境中的搅动和改造程度也有关。尽管几乎所有在硅质碎屑岩中出现的沉积构造都有可能在灰岩中出现，但是有些沉积构造仅出现在碳酸盐沉积物中。

2.5.3 礁灰岩

礁灰岩基本上是碳酸盐物质原地积累或生长的产物。礁灰岩有两个明显的特征：一是外貌为块状而非层状（图2-11、图2-12）；二是岩石中碳酸盐骨骼（通常为原地生长的群体生物的骨骼）占主导地位。某些骨骼可能为其他生物在其中或在其上生长提供了一个格架。礁灰岩中被内部沉积物和胶结物充填的孔洞比较常见，如果胶结物是纤维状的，它们很可能是海相成因的（图2-9）。

礁灰岩的几何形态多样，但最常见的两种形态是斑礁和堡礁。前者为小而离散的礁体（图2-12），平面上呈圆形到长条状；后者一般规模较大，呈长条状，常与礁后（大陆方向）的潟湖灰岩及盆地方向的礁屑岩相伴生（图2-11）。生物礁是指一个局部发育的碳酸盐岩建造，生物层则是指一个侧向延伸较广的碳酸盐岩建造，二者可能具有也可能没有骨骼格架。与许多礁灰岩伴生的是礁屑层，它们可能是砾屑灰岩、悬粒灰岩、粒状灰岩、泥粒灰岩。堡礁，特别是在比较大的斑礁的前面（盆地方向）或其周围，通常有一个礁屑层,被称为前礁或礁翼层(图2-11)。这些礁屑层经常沉积于陡峭至平缓的斜坡上,因此具有原始的沉积倾斜。

图2-11 块状礁灰岩

位于悬崖中部(悬崖的总高度为50m)的块状礁灰岩(照片的右半部),转变为成层性良好的礁后相潟湖灰岩(照片的左半部)。注意在礁后相灰岩中内部层理发育(摄于西班牙比利牛斯山脉的中白垩世灰岩)

图2-12 小型斑礁

小型斑礁(生物黏结灰岩)由块状珊瑚群组成,与下部的层状生物碎屑灰岩形成对比(摄于英格兰东南部的侏罗纪灰岩)

碳酸盐岩建造中比较特殊的一种类型是泥丘(以前称为礁丘),主要由块状泥灰岩(泥晶灰岩)组成,通常在层状孔隙构造中缺少明显的骨骼格架。泥丘中可能会出现零散的骨骼碎屑及含有海相沉积物和胶结物的孔洞构造。某些泥丘具有明显倾斜的侧翼层,在某些情况下,侧翼层富有海百合碎屑。泥丘通常出现在深水地层中(大多数属于古生代地层),并且是微生物成因的。

在所有的碳酸盐岩建造中,块状构造是引人注目的,它与相邻的或上覆的、成层性良好的灰岩形成鲜明的对比。许多礁灰岩具有多变的结构,所以图2-10中的术语可以适用于不同地区的、相同的礁灰岩。此外,这些描述性术语的应用还取决于观察的尺度。一个礁体可能主要是由悬粒灰岩组成的,但局部可能会出现生物构架灰岩、小块的黏结灰岩和胶结灰岩,以及带状的粒状灰岩和瓦克灰岩。

许多碳酸盐岩建造是生物间复杂作用的结果,因此要了解哪些生物对碳酸盐岩建造的形成起主要作用(如珊瑚、苔藓动物、层孔虫、双壳类),哪些生物起次要作用但在骨架黏结中扮演着重要的角色(如钙质藻类、龙介虫),哪些生物仅是用礁作为巢穴或者食物来源的(如腕足类、腹足类、棘皮类动物)。在礁灰岩中可能还存在生物侵蚀作用的证据,生物骨骼有可能被食石的双壳类、龙介虫或穿贝海绵钻孔。

在许多生物礁中存在着清晰的生物组织。生物礁通常在生物碎屑集中的海岸和浅滩(骨骼碎屑丘)开始发育,形成粒状灰岩-砾屑灰岩。板状群集生物在碎屑丘上生长,形成黏结灰岩-障积灰岩(稳定阶段)。这些生物创造出生物礁(群集阶段)以后,动物群变得更具多样性(多样化阶段),形成生物骨架灰岩-黏结灰岩。生物礁中的生物通常表现出多种生长方式,反映了沉积环境的能量/水深和沉积速率的变化(图2-13)。

生长方式	沉积环境	
	波浪能量	沉积速率
 细枝状	低	高
 薄板状	低	低
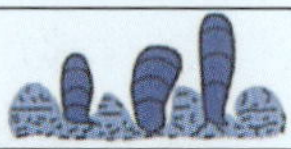 柱状	中等	高
 上凸状	中高	低
 粗枝状	中高	中等
 板状	中等	低
 皮壳状	很高	低

图 2-13 群集生物

群集生物（如珊瑚、层孔虫、双壳类、钙质藻类）的不同生长方式，反映了局部的沉积环境

2.5.4 白云岩

大多数白云岩，特别是显生宙的白云岩，都是由灰岩交代形成的。白云岩化作用可以发生在沉积后不久的准同期阶段（尤其是在半干旱地区的高潮间－潮上坪环境），或者发生在后来的浅埋藏成岩或较深埋藏成岩的过程中。对于相分析来说，确定白云岩属于哪种类型是很有必要的。

早期形成的（即准同期的）、典型的潮缘区白云岩是非常细粒的岩石，并且伴生着指示潮上环境的沉积构造和沉积物：干裂、蒸发岩及其假象（图 2-17、图 2-18）、微生物纹层岩和原生孔隙。这种细粒白云岩一般能很好地保存原生沉积构造。

后期与成岩作用有关的白云岩化程度是多变的，可以是某些

颗粒的局部交代，或者交代作用仅仅发生在灰泥质的基质中，而颗粒没有交代，或者交代作用影响到了整个灰岩层、灰岩建造或某个特定的岩相。在某些情况下，仅原来的文石和高镁方解石颗粒（生物碎屑或鲕粒）发生了白云岩化，而原来由低镁方解石组成的化石（腕足类或牡蛎类）则没有受到影响。白云石晶体（菱面体）可能分散在灰岩中，在岩石表面它们可能被风化掉，因而呈现出斑点状外貌。白云石菱面体也可能沿缝合面聚集。某些白云岩的孔隙度很高，并且具有较大的（厘米级）、形态不规则的开放式孔洞（晶洞）。白云石晶体可以出现在切割灰岩的脉体中，也可以出现在形态不规则的晶洞中，这些晶洞也可能被其他矿物（如方解石、萤石、方铅矿）充填。

通过埋藏形成的白云石经常出现在脉体和晶洞中，它们可能属于异形的或鞍状的类型（也叫珍珠亮晶）。这种白云石具有弯曲的晶体表面（通过放大镜可以看到），阶步、明显的解理，以及因含少量铁质引起的粉红色色调。

许多灰岩发生了透入性白云岩化，因而其中的原生沉积构造通常消失了，化石保存较差。某些白云岩中的白云岩化与构造有关，例如白云岩可能出现在断层（白云质流体沿断层运移）或主要节理附近。白云岩化还可能局限于某个特定的地层层位（如不整合面之下）或岩相中。

某些前寒武纪白云岩很少显示交代作用的迹象，因而可能是原生的，或者至少是同沉积成因的。除了叠层石特别普遍以外，它们保留了灰岩的所有特征。

根据白云岩化的程度，碳酸盐岩可以分为4种类型：灰岩（白云石≤10%）、白云质灰岩（白云石10%～50%）、方解石白云岩（白云石50%～90%）和白云岩（白云石90%～100%）。

2.6 蒸发岩

2.6.1 石膏

露头上的大多数石膏是由非常细的晶体组成的。在泥岩或泥灰岩（多为红色）中，石膏可能以白色到粉红色的、结核状团块状及细脉状的形式（鸡笼构造）出现（图2-14）。不规则扭曲的石膏层形成所谓的肠状褶皱构造。结核和肠状褶皱构造是海相潮上盐滩环境中沉积的石膏－硬石膏的典型特征。这些海相蒸发岩可能与其他潮缘沉积物（如微生物纹层岩/叠层石、窗格状灰泥岩/鸟眼灰岩）互层。在陆相盐沼环境中，蒸发岩可以与盐湖泥岩（通常为红色）互层，并伴有冲积和风成沉积物。

图2-14 鸡笼构造

鸡笼构造在含有绿色还原斑的侏罗纪红色泥灰岩（湖相）中，石膏结核（长15cm）与纤维状石膏脉相伴生（摄于英国威尔士）

石膏层也可以由粗大（可达1m或更大）的双晶（透石膏）组成，双晶通常在直立方向上排列（图2-15）。这种石膏是典型的浅水沉积物。

图 2-15 中新世潟湖相透石膏,由粗大的双晶组成(手标本的高度为 15cm,采自西班牙中部)

石膏可能受到波浪和风暴的改造,形成石膏砂岩。石膏砂岩可以显示水流构造,并且可以重新沉积,形成浊积岩和滑塌沉积。与薄层状有机物质或方解石互层的石膏是典型的水下(比较深的水体)沉积物。

在伴有石膏沉积的泥岩中,由纤维状石膏组成的脉体很常见。大多数出露于地表中古老的石膏里,实际上是硬石膏或原生石膏发生交代作用形成次生石膏,可以由厘米级的晶体组成。在菊瓣状石膏中晶体呈放射状。

在含有黄铁矿的泥岩中,数厘米长、无色的石膏晶体很常见,黄铁矿通常由近地表的风化作用而被氧化。

沉积岩中的蒸发岩经常被溶解掉,从而留下多孔的岩石。它们也可能被其他矿物取代,形成外形像原始蒸发岩晶体或结核的假晶。假晶可以在野外识别,但要经过薄片观察才能确认。石盐假晶可以通过它们的立方体形态和漏斗状晶形来识别(图 2-16)。

石膏晶体的特征是具有菱形状、透镜状和燕尾状的外形(图2-17)。硬石膏和石膏的结核可以被多种矿物(尤其是方解石、石英和白云石)取代。晶洞中的方解石或石英晶体从原来结核的外部向内生长,但没有填满整个晶洞(图2-18)。

图2-16 早寒武世红色盐湖泥岩中的石盐假晶(长度可达1cm),可以通过它们的立方体形态和漏斗状晶体表面来识别

图2-17 苏格兰西北部晚前寒武纪潮坪相浅棕色细粒白云岩中,继承石膏外形而发育的石英假晶(长度可达10mm)

图 2-18 伊朗第三纪潮坪相沉积物中，晶洞（长 5cm）中的石英是取代硬石膏结核后形成的

2.6.2 塌陷角砾岩

蒸发岩溶解掉以后，上覆地层经常会发生塌陷。如果发生了塌陷并且出现角砾层，通过仔细寻找，应当可以在地层剖面上找到先前蒸发岩存在的证据。塌陷角砾岩含有不规则的碎屑，有可能将其中的某些碎屑拼合在一起。塌陷角砾岩中碎屑的分选性很差，基质很少。蒸发岩的残留物通常是由黏土质和砂质沉积物组成的，并且含有分散的碎屑。白云方解石通常与蒸发岩的溶解层相伴生。

在构造变形强烈的地区，大型和小型逆冲断层通常沿蒸发岩所在的层位发育，由此形成一种特殊的岩石类型是含白云石和方解石的网格状角砾岩。这种角砾岩通常呈黄色、浅黄色或奶油色，并且具有网格状结构，是由蒸发岩和其他碎屑的溶解作用形成的。常用"熔蚀碳酸盐岩"来描述这种特殊的构造。

2.7 铁质岩

铁质岩包括许多类型的沉积岩，其矿物成分也是多种多样的（表 2-4）。

表 2-4 富铁沉积岩的主要类型

序号	类型	主要特征
1	化学富铁沉积岩	燧石质含铁建造：铁质矿物（包括赤铁矿、磁铁矿和菱铁矿等）纹层与燧石纹层交替出现，主要形成于前寒武纪
		铁质岩（狭义的）：结构与灰岩相似，典型的结构为鲕粒结构；铁质矿物包括磁绿泥石-鲕绿泥石、针铁石和赤铁矿；主要形成于显宙
2	富铁泥岩	黄铁矿泥岩：黄铁矿结核和纹层经常出现在黑色页岩或沥青页岩中，通常为海相沉积岩
		菱铁矿泥岩：菱铁矿多以结核的形式出现在富含有机质的泥岩中，通常为非海相沉积岩
3	其他富铁沉积物	Fe-Mn氧化物富集的沉积岩和结核为海相沉积，经常与枕状玄武岩、热液活动或远洋灰岩伴生
		富铁红土（laterite）和土壤经常发育于不整合面上或者熔岩上
		沼铁矿：岩石记录中很少保存
		砂矿：特别是与磁铁矿和钛铁矿在一起的砂矿

前寒武纪条带状含铁建造（BIFs）通常是厚度大、横向上延伸广的沉积岩，以交替出现的燧石-铁质矿物纹层为特征（图 2-19）。显生宙铁岩多为厚度小、延伸范围有限的沉积岩，通常与正常的海相沉积岩呈指状交叉分布。许多铁岩是鲕状的，鲕粒是由赤铁矿（红色）、磁绿泥石-鲕绿泥石（绿色）、针铁矿（棕色）和比较少见的磁铁矿（黑色）组成的。其他常见的铁岩有赤铁矿灰岩（其中的赤铁矿被浸染并取代了碳酸盐颗粒），以及含有磁绿泥石-鲕绿泥石、菱铁矿或黄铁矿的泥岩。所有这些铁岩类型都可以在野外识别，但后期有必要在实验室里确认。

图 2-19 古元古代条带状含铁建造

由交替出现的赤铁矿和燧石纹层组成,视野宽度为 20cm(摄于澳大利亚西澳州)

对于铁岩,人们的兴趣主要集中在它们的沉积环境和背景。因此,必须查明富铁岩层及相邻地层中的化石,以及化石所指示的是正常海相还是低盐度(半咸水)环境。许多铁岩形成于沉积物缺少或相对深水的环境(外陆架)。观察并比较铁岩及其上下岩层的沉积相,看铁岩是不是在水深最大时沉积的。另外,要像对待其他岩性一样,查看铁岩的结构和沉积构造。

一种特殊的铁岩类型是砂矿,这些砂矿主要出现于河流和海岸环境形成的砂岩和砾岩中。作为分选良好的黑色纹层,砂矿很容易识别。

在泥岩和其他岩性中,菱铁矿和黄铁矿通常形成与早期成岩作用有关的结核。菱铁矿多出现在半咸水的泥岩中,而黄铁矿则多出现在海相泥岩中。菱铁矿结核的外表通常被风化成棕色,而其内部则为铁灰色。它们经常出现在煤系地层中,尤其是在煤层下的黏土层(古土壤)中。

铁和其他金属可以在与枕状玄武岩伴生的沉积岩（通常为红色或棕色的细粒泥岩）中富集。铁－锰质结核以及生物碎屑和岩屑的铁－锰质包壳一般出现在远洋灰岩和泥岩中，但它们相对少见，通常形成于水流强烈活动区域的洋底。沉积物和碎屑包壳中的铁－锰质浸染可以发生在远洋灰岩的硬壳表面上。

富铁红土广泛发育于热带地区，并且很容易通过它们深红色到棕色的颜色来识别。它们可以是松软的土状，也可以像岩石一样坚硬，有时具有豆状结构。它们可能形成一个坚硬的表层——硬壳，它们也可以像地层一样保存于地质记录中，但是并不常见。大多数富铁红土主要是风化等地表地质作用的产物，并且主要出现在地表（根据经验总结而来）。

2.8 燧石

燧石可以分为两类：层状燧石和结核状燧石（图2-20、图2-21）。

图2-20　法国南部早石炭世盆地相层状燧石与页岩互层图
（视域宽度为50cm）

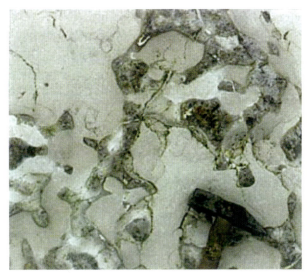

图 2-21 英国东北部晚白垩世远洋灰泥岩中的结核状燧石图
（注意结核的长条状和分支状特征，这些结核是在甲壳类的孔穴系统中形成的）

大多数层状燧石发现于相对深水的层序中，相当于现代大洋底部的放射虫和硅藻软泥。燧石层的厚度一般为 3～10cm，并与薄层（<1cm）页岩互层（图 2-20）。用放大镜观察燧石标本的新鲜断口（通常为贝壳状断口），有时能看到细小的、圆形斑点状的放射虫（直径为 0.25～0.5mm），但其存在需要通过薄片观察来确定。尽管许多层状燧石看起来是均一的，其内部可能具有交错纹层和粒级层理，这是燧石层在海底发生改造或在深水中重新沉积的结果，这些沉积构造可以在风化面上看到。某些层状燧石（硅质岩）与枕状玄武岩伴生，成为蛇绿岩套的组成部分，但其他层状燧石与火山活动无关。

结核状燧石主要发育在灰岩和某些其他岩性中，是由成岩交代作用形成的。在某些情况下，交代作用围绕一个核心（如海胆类或海绵类等化石）发生。在另一些情况下，结核按均匀的间距出现在特殊层位中。有些燧石结核是由蒸发岩发生交代作用形成的。火石是出现在白垩系中燧石结核的流行名称。在很多情况下，火石是在生物孔穴系统中通过交代作用形成的，这些孔穴中先前充填的沉积物比周围粒度稍粗一些。大多数燧石结核的二氧化硅来自海绵骨针或硅质浮游生物的溶解作用。

二氧化硅可以在土壤中聚集，形成一个坚硬表层，被称为硅结砾岩，这是硬壳的一种形式。大多数硅结砾岩出现在具有古老风化面的沙漠地区。

2.9 磷酸盐沉积（磷灰岩）

在相对稀少的磷酸盐沉积物中，磷酸钙矿物多为细粒的胶磷矿，存在于脊椎骨骼碎片和鱼鳞里（两者可能具有亮黑色的外表），磷酸盐化的化石、球粒，具有包壳的颗粒和结核（通常为暗灰色）中（图2-22）。这些结核可以是粪化石，但也可能是由碳酸盐泥、颗粒和硅质微化石发生交代作用形成的。

图 2-22 中白垩世磷酸盐岩层

位于法国阿尔卑斯山脉中，是由远洋灰泥岩中的磷酸盐结核和磷酸盐化的化石组成的，黑色斑点为海绿石颗粒（实际上是暗绿色），视域宽度为10cm

磷酸盐的沉淀以及沉积物和化石的磷酸盐化通常是在有充足营养成分供应的条件下形成的，也可能与上升流和沉积物的低速补给有关。改造作用对于许多沉积型磷酸盐矿床的形成也很重要，因此它们通常是在水流活动和剥蚀作用增强的时候形成的。例如当海平面上升并发生海侵时，质量分数较大的磷酸盐颗粒或碎屑就可能聚集在某些层位和透镜体中，骨屑层就是通过这种方式形成的。磷酸盐化的砾石和化石也可能与硬海底相伴而生，化石本身就可能受到磷酸盐的浸染。这种硬海底出现在白垩系内部，也可能出现于淹没的不整合面上，其上沉积有浅水碳酸盐岩。此外，绿色、富铁的矿物海绿石也可见于某些磷酸盐沉积物中。

2.10 富有机质沉积

泥炭、褐煤、硬煤和油页岩是主要的有机质沉积物。沥青和其他半固结/固结的碳氢化合物偶然出现在砂岩、灰岩中，并沿着断层和节理面分布。有机质沉积物可以划分为腐殖质组和腐泥质组。腐殖质组主要是在沼泽、湿地和泥炭沼泽中通过生物的原地生长形成的，腐泥质组中的有机物质则是经过搬运后从悬浮物中沉积的。大多数煤属于腐殖质组，而油页岩则是腐泥质成因的。

煤级（rank）是指煤的有机质的变质程度。煤的若干个属性（如碳和挥发分的含量等）可用于测定煤级，但这些属性需要在实验室里通过分析来确定。

泥炭通常含有大量水分，手标本中的植物仍然可以识别出来。泥炭可以燃烧。现阶段，泥炭正在泥沼（包括低位泥沼和高位泥沼）、沼泽以及位于湖泊周围和海岸沿线的湿地中形成。在高位沼泽中形成的泥炭以苔藓植物（尤其是水藓）为主，并且保留了许多水分（主要来自降雨而不是地下水）。与此相关的术语有泥炭沼泽和毡状泥炭。这种泥炭一般很少含有矿物质或沉积物，其中的酸性孔隙水能够淋滤泥炭下面或其附近的沉积物和岩石，导致水合氧化铁的沉淀。在低位沼泽形成的泥炭由多种植物组成，包括苔草、芦苇和灌木等，因此木质成分较多。这种泥炭形成于地下水位附近，其中孔隙水的酸性较弱，并且通常含有沉积物（多为黏土）。

在软褐煤中仍然可以识别出一些植物。在硬褐煤中很少见到植物碎片，但这种褐煤仍然是相对较软的，并且呈暗褐色。刚挖掘出来的新鲜褐煤含有大量水分，呈土状或致密状。褐煤常见于第三系和一些更老的地层中。含沥青的硬煤是黑色的且坚硬，还含有亮煤层。它们沿着割理面（主要的节理面）破碎成立方形碎片，并能染黑手指。含沥青的硬煤广泛发育于石炭纪—二叠纪地层中。无烟煤具有明亮光泽和贝壳状断口，它们通常出现在煤层受到了变质作用、有较强的构造变形，或受较高热流影响的地区。

烛煤和藻煤属于腐泥沉积物，主要堆积在湖泊中。它们是块状、细粒、不含纹层的沉积物，具有贝壳状断口。烛煤可用于雕刻。

油页岩含有超过 1/3 的无机物质（主要是黏土，也可能是碳酸盐）。它们通常呈纹层状，某些油页岩可以用小刀切割成刨花（可以像木头刨花那样卷曲），也可以被点燃。大多数油页岩属于潟湖相沉积。

2.11 火山碎屑沉积

复杂的沉积过程和强烈的后期改造，导致火山碎屑岩的研究难度较大。火山岩是溢流喷发和爆发式喷发作用的产物。溢流喷发形成熔岩流和熔岩穹隆，其中熔岩流包括黏结熔岩流和自生碎屑沉积物，而爆发式喷发作用则产生了一系列火山碎屑沉积岩。因此，火山岩可以分为两个大类：熔结熔岩流和火山碎屑岩。在本节中，我们将主要介绍沉积型火山岩类及其相互关系。

熔结火山岩是由溢流喷发作用形成的熔岩流和岩浆经过冷却、固结形成的火山岩。溢流喷发作用可以发生在陆地、水下，甚至冰下。熔结火山岩通常具有斑状结构，以及均匀分布的、粒度差异较小的自形晶，或者具有隐晶质和玻璃质结构，以及气孔和流动面理。

火山碎屑岩几乎都是由分离的颗粒组成的，颗粒的粒度、形状和密度，以及岩石的结构、构造变化很大。火山碎屑沉积物主要可以分为4种类型（表2-5）：①自生碎屑沉积物，是由溢流喷发的熔岩发生破碎形成的；②火山碎屑沉积物，是在爆发式喷发作用中形成的；③同喷发、再沉积的火山碎屑坠积物；④火山成因的沉积物（又叫表生碎屑沉积物）。这些主要类型的每一类都有其自身的特点，并且可以再细分为许多类。

火山碎屑岩的表面结构可能发育在熔岩和侵入岩中，例如熔结凝灰岩的表面结构看起来类似于角砾状熔岩。黏结岩的表面结构也可能发育于火山碎屑岩中，例如熔结的原生火山碎屑岩因玻璃质火山碎屑的相互熔合而类似于熔岩，这使得有些岩石不易于区分。

玻质碎屑岩是自生碎屑坠积物的一种常见类型，熔结凝灰岩是火山碎屑流沉积物的一种常见类型。

表 2-5 火山岩的成因分类（据McPhine 等，1993）

火山喷发				
溢流喷发		爆发式喷发		
熔岩流		块状流	牵引流	悬浮
黏结熔岩流	自生碎屑沉积物	高浓度火山碎屑流沉积物	低浓度火山碎屑流沉积物	火山碎屑坠积物
非熔结沉积物通过块状流、牵引流和悬浮体发生同喷发的再沉积作用：再沉积的火山碎屑沉积物				
喷发后的风化、剥蚀和再沉积作用：火山成因的沉积物				

2.11.1 火山碎屑物质

火山灰（tephra）是用来描述在爆发式火山活动中产生的、未固结的火山碎屑物质的广义术语。火山灰由下列物质组成：①火山碎屑，包括新生的（juvenile）熔岩碎屑（从不含气孔的物质到含大量气孔的物质，例如浮石或者火山渣），以及玻璃质碎片；②晶体（斑晶），特别是石英和长石晶体；③岩屑，包括早期岩浆喷发形成的熔岩（非新生的）碎片以及围岩碎块。

火山碎屑沉积物通常是高温就位的。与高温就位有关的特征包括炭化木，由热氧化形成的粉红色/红色、因磁铁矿微晶浸染形成的黑色、呈放射状冷却的节理，气体逃逸构造（如喷气管道，即宽度为几厘米、由粗粒火山灰充填的直立构造），熔结在一起的颗粒，以及条纹状和扁平状的浮石碎片。

根据颗粒粒径，火山碎屑分为火山灰、火山砾（图2-23）、火山岩块和火山弹（图2-24，表2-6）。玻璃质岩石流纹质成分是指浅色，含有气孔的浮石。火山渣是指深色，含有气孔，一般为安山质或玄武质成分的碎块。浮石的密度很低，可以浮在水面上。这些熔岩碎片中的气孔后来可能充填了方解石（透明）、沸石（白色）或黏土（绿色）等矿物。

图2-23 增生火山砾和火山灰

位于英国西北部奥陶纪火山砾凝灰岩中（视域宽度为15cm）

图 2-24 火山弹

宽度为 1m 的火山弹沉降到下伏成层性良好的第四纪火山灰沉积中（摄于希腊 Santorini 地区）

表 2-6 火山碎屑颗粒和火山碎屑沉积物的粒径分类

火山碎屑岩颗粒		火山碎屑沉积物	
火山弹（喷出时为流体）	粗	集块岩	
	256mm		
火山岩块（喷出时为固体）	细	火山角砾岩	
	64mm		
火山砾	粗	火山砾岩	
	16mm		
	中		
	4mm		
	细		
	2mm		
火山灰	非常粗	凝灰岩	
	1mm		
	粗	凝灰岩	玻璃质

续表2-6

火山碎屑岩颗粒		火山碎屑沉积物	
火山灰	0.5mm	凝灰岩	玻璃质
	中		岩屑
	0.06mm		
	细		晶体
	0.003 9mm		

2.11.2 火山碎屑沉积物

根据沉积过程，可以将由爆发式火山作用形成的火山碎屑沉积物分为3种类型。

2.11.2.1 火山碎屑坠积物

火山碎屑坠积物包括陆上和水底（海底或湖底）降落的火山灰。它们的特征是随着与火山喷发处的距离增大，沉积层的厚度和粒度逐渐减小。沉积层的分选性良好，并且常具粒序层理（图2-24）。这些沉积物可以延伸很远，并且可以作为标志层用于地层对比。火山碎屑流沉积物覆盖在各种地形上，并且在山顶和山谷中保持大致相同的厚度（图2-25）。

如果火山碎屑坠积物沉积在水中，它们通常会受到水流和波浪

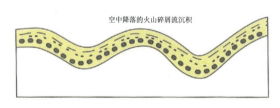
空中降落的火山碎屑流沉积

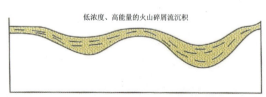
低浓度、高能量的火山碎屑流沉积

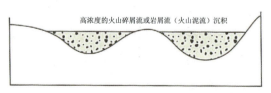
高浓度的火山碎屑流或岩屑流（火山泥流）沉积

图 2-25　火山碎屑沉积物不同的几何形态

的改造；如果沉积在陆地上，则会受到风的改造，因而出现交错层或面状纹层；如果在沉积之前浮石是漂浮的，就可能在沉积层的顶部出现大块的浮石碎片。严格地说，如果改造作用是与火山喷发同期的，这些沉积物应当是再沉积的火山碎屑沉积物；如果改造作用比火山喷发晚一些，这些沉积物就是火山成因的（表生碎屑）沉积物。

2.11.2.2 高浓度火山碎屑流沉积物

高浓度火山碎屑流沉积物是火山灰与火山气体、蒸气与水混合形成的，碎屑浓度高的流体发生沉积的产物；流体的移动速率可以高达100m/s。常见的高浓度火山碎屑流沉积物为熔结凝灰岩，是由强烈的普林尼式喷发形成的，这种喷发通常发生在陆地上，但其流体可能会持续运移到大海或湖泊。

熔结凝灰岩的特征是具有均匀的外貌，其中较细的火山灰颗粒分选很差，缺乏内部分层（图2-26）。层内的粗粒岩屑通常具有正粒序（粒度向上递减），而粗大的浮石碎屑（喷发时非常轻）则可能出现反粒序（粒度向上递增）（图2-26），或者集中在岩层的顶部。压扁或拉长的浮石碎屑（火焰石）和玻璃质碎片表明含有气孔的、碎裂的熔体在运移过程中是热而柔软的（图2-27）。在许多熔结凝灰岩的中下部，火山灰颗粒熔结在一起，形成比上下岩石更致密的、孔隙度更小的岩石。在这里可能会发育一种由火焰石定向排列而成的、近似面状的面理，被称为条纹斑状结构。在极端情况下，熔结凝灰岩完全是玻璃质的（玻基斑状的）。岩石中的岩屑抗变形，而温度高并具塑性的玻璃质物质则围绕它们发生变形。某些熔结凝灰岩具有柱状节理，也表明它们沉积时仍然是热的（图2-28）。熔结凝灰岩的厚度一般为1~10m或者更厚。当高浓度火山碎屑流受到地形控制时，沉积物就会充填于山谷和凹陷中。

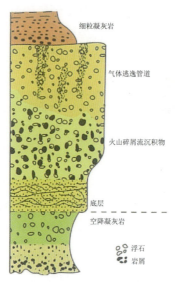

图 2-26 火山碎屑岩层序

火山碎屑岩层序，一个完整的"经典"火山碎屑层序，来自一次主要喷发，厚度可达 10m 或更厚。初始的火山灰沉积物向上变为火山碎屑流沉积物。后者的底层为具有沉积构造的、高速低浓度的火山碎屑流沉积物。向上过渡为没有沉积构造的、由高浓度的火山碎屑流快速沉积形成的凝灰岩（熔结凝灰岩），其中岩屑具有正粒序，浮石具有反粒序。在火山碎屑流沉积物之上覆盖的是细粒空降凝灰岩。在火山碎屑流沉积物的顶部，出现由气体逃逸形成的、被粗粒火山灰充填的喷气管道

图 2-27 第四纪熔结凝灰岩，含有火焰石、小晶体和熔岩碎片（右上部），视域宽度为 15cm（摄于美国加利福尼亚州）

图 2-28 第四纪熔结凝灰岩中发育的柱状节理

表明沉积时是热的,顶部出现风化剥蚀面。上覆火山灰降落沉积物的厚度向左变薄,内部含有分散的火山弹(摄于日本)

2.11.2.3 低浓度火山碎屑流沉积物

低浓度火山碎屑流沉积物是由高度膨胀的、紊乱的、含有气体和固体的、碎屑浓度低的流体发生沉积的产物。它们的特征是发育交错层理(图 2-29),并具有狭缩-膨胀形态。单个纹层内部通常分选良好。尽管这些沉积物在凹陷中的厚度较大,但它们趋向于覆盖所有地形。在高浓度火山碎屑流和低浓度火山碎屑流之间有一个完整的渐变过渡,并且前者的沉积物可能向上变为后者的沉积物(Jerram and Petford,2011)。

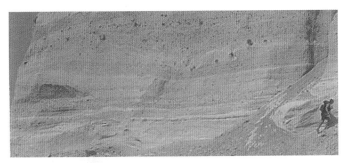

图 2-29 火山碎屑流沉积物

底层具有交错层理,向上变为一个主要的熔结凝灰岩单元,其中见有凸出的岩屑,以及因碎屑流的脉冲式堆积形成的粗层理(crude bedding,摄于希腊 Santorini 地区)

2.11.3 同喷发再沉积的火山碎屑岩和火山成因（表生碎屑的）沉积物

所有火山碎屑沉积物都有可能在浅水、深水、陆地、湖底或海底环境中，受到正常沉积作用（如风、波浪、风暴或沉积重力流）的改造。因此存在一个从原生火山碎屑沉积物到完全被改造的、重新沉积的、火山成因的沉积物系列。这个系列中的两个特殊类型是火山泥流沉积物和玻屑岩。

2.11.3.1 火山泥流沉积物

形成火山泥流沉积物的流体既可以是同喷发的高温流体，也可以是低温流体。高温流体是在火山喷发过程中，由炽热的火山碎屑物质与水（如河水或雪融水）混合形成的流体；低温流体是已经沉积的、冷却的火山碎屑物质后来被水重新活化形成的流体。火山泥流是指主要由火山物质组成的泥石流。火山泥流沉积物通常是由粗大的火山碎屑和细粒的火山灰基质组成的（图2-30），特征是含有基质支撑的、呈"漂浮"状的粗大火山碎屑。火山泥流沉积物通常含有大小各异的岩块和巨砾，其中许多是岩屑，而不是由新生熔岩物质组成的碎屑，并且没有任何高温

图2-30 冰岛第四纪火山泥流角砾岩
由细粒火山灰基质和"漂浮"的、棱角状新生熔岩碎屑，以及相对较老的熔岩岩屑组成（视域宽度为30cm）

迹象，这与上面描述的热火山碎屑流沉积物是不同的。火山泥流沉积物具有泥质基质，因而比具有火山灰基质的火山碎屑流沉积物固结得更好。

2.11.3.2 玻屑岩

玻屑岩是当熔岩喷出到水中，因快速冷凝和淬火而使熔岩发生破裂形成的。这种自生碎屑沉积物通常是由长度为几毫米到几厘米的熔岩碎片和薄片组成。冷凝的玻璃质熔岩通常由于水合作用而发生蚀变，形成一种被称为橙玄玻璃的黄绿色物质。在靠近火山喷发处，玻屑岩没有任何分选或分层，但是它们可能受到改造和发生再沉积作用，形成类似于其他碎屑沉积物的沉积构造，从而成为再沉积的火山碎屑岩和火山成因的沉积物。玻屑岩是海底玄武质火山活动的典型。

当熔岩侵入到潮湿的沉积物之中或覆盖在其上面，它就会发生角砾岩化，并与先存的沉积物混合，形成一种新的岩石类型，被称为混积岩（熔岩沉积物的混合体）。

2.11.4 火山碎屑序列的研究方法

在野外考察火山岩序列时，首要的是识别在就位－沉积过程中形成的特征性结构和构造，从而将黏结相（熔岩流和相关的侵入体）与火山碎屑相（包括自生碎屑、火山碎屑、同喷发再沉积的火山碎屑和火山成因的沉积物等类型）区分开。还要在露头上寻找能鉴别沉积环境（陆地还是水下、浅水还是深水等）的特征。此外，还要将原生的火山结构与改造、蚀变、变形或变质作用形成的结构区别开来。表2-7所示的特征可用于描述火山碎屑沉积物。

表 2-7　火山碎屑沉积物的描述术语

类别	特征描述
粒度	类似于硅质碎屑沉积物，可分为泥/泥岩、砂/砂岩、砾/砾岩或角砾岩
成分	晶体、晶体碎片、玻质碎片、增生火山砾；岩屑（火山的或非火山的，单一岩屑或复合岩屑）、玻质碎屑、火焰石、浮石、火山渣、胶结物
颗粒的熔结	玻璃质颗粒的熔合或熔结
岩相	类似于硅质碎屑沉积物，可分为块状（非层状）或层状
粒序层理	正粒序、反粒序、无粒序
岩组	颗粒支撑或基质支撑，分选性
节理	块状、菱柱状、柱状、板状
沉积单元的几何形态	顺着地形或充填地形；顶底面相互平行，呈透镜状、尖灭状、刻槽状、舌状
蚀变	矿化如绿泥石、绢云母、硅质、钙质、赤铁矿等
分布	透入性的，呈补丁状、浸染状、结核状、斑点状

年轻的火山碎屑沉积物通常比较容易研究，因为它们可能保存了很多原始特征，比如沉积层的厚度、几何形态和内部构造的局部与区域性变化。如果成岩性很差，可以通过研究粒度分布来获得沉积过程的有用信息。像其他沉积物一样，可以绘制火山碎屑沉积物的柱状剖面图，自下而上标示各单元的粒度变化和其他特征，并且用各种符号和图例来表示不同类型的碎屑，如浮石、新生熔岩碎屑、岩屑和增生火山砾等，具有各种典型特征的熔岩流很可能互层。

在比较古老的地层中，沉积后的侵蚀作用可能已经剥蚀了火山机构的大部分，或者构造变形和变质过程已经模糊了原始特征或引起重结晶。可以像对待其他沉积岩一样，采用基本的岩石学方法来记录火山碎屑沉积物的特征，比如粒度、成分、熔结程度、层厚、沉积构造、颜色等，以便揭示它们的沉积过程。

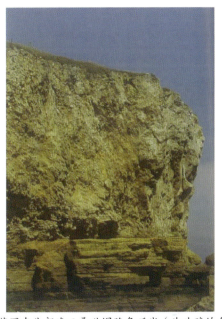

图 2-31 英国东北部晚二叠世塌陷角砾岩（为破碎的白云岩层）

塌陷是由下伏蒸发岩发生溶解导致的，该蒸发岩现在只剩下黏土残余，厚度仅为几厘米，但它在层位上与地下 100m 厚的石膏层相当。黏土残余和塌陷角砾岩位于未受扰动的、成层良好的白云岩之上，后者形成 3m 高的悬崖

识别古老的火山序列，工作必须谨慎，因为角砾状熔岩可能会与集块岩相混淆，具有流动条带的熔岩可能会与熔结凝灰岩相混淆。熔岩流的典型特征：①中部发育柱状节理（与一些熔结凝灰岩相似）；②块状结构；③角砾状的底部和顶部；④气孔集中于单个熔岩流单元的顶部；⑤顶面出现风化、发红现象，以及碎石。熔结凝灰岩通常没有底部角砾岩。

2.11.5 火山碎屑序列

记录火山序列自下而上的变化规律是非常有用的；绘制柱状剖面图，并且寻找火山碎屑沉积物类型的长期变化特征。

例如是否存在火山碎屑沉积物相对于火山碎屑流沉积物的比例变化？在凝灰岩中，是否存在岩层厚度自下而上的系统性变化？这种变化反映了火山活动的增强或减弱。

通过观察玻璃质碎片的颜色变化、气孔发育的程度和斑晶的成分，看是否存在火山物质成分（例如从更酸性到更基性）的长期变化。

是否有证据表明在岩浆房中存在成分分带或分层的现象（在单个熔岩流沉积物中斑晶的含量出现有规律的变化）？自下而上非火山岩夹层的比例是增加还是减少？

在某些火山碎屑序列中，火山碎屑坠积物与火山碎屑流沉积物交替出现，类似于其他沉积地层中的沉积旋回。一个完整的"经典"火山碎屑喷发幕形成的沉积序列，是从空降凝灰岩开始的，上覆低浓度火山碎屑流沉积物，往上为高浓度火山碎屑流沉积物，顶部又出现空降凝灰岩。整个火山碎屑序列的总厚度为几米或几十米（图2-26）。

3 沉积岩结构

结构是沉积岩描述的一个重要方面,并且对沉积机理和沉积环境的解释也是有用的。它也是沉积物的孔隙度和渗透率的主要控制因素。许多沉积岩的结构只有在显微镜下进行薄片观察才能得到充分的研究。对于砂和粉砂级的沉积物,在野外只能观察颗粒的粒度、分选性和磨圆度。对于砾岩和角砾岩,可以在野外准确地测量砾石的大小、形状和方向,并观察它们的表面特征和岩石组构。沉积岩结构主要是表征沉积碎屑粒度及其分布、颗粒形态及表面特征。表 3-1 中给出了一个观察沉积岩结构的清单。

表 3-1 在野外观察沉积岩结构的一览表

粒度、分选性和粒序	观察所有岩性的粒度、分选性和粒序。对于砾岩,要测量最大砾石的大小和层厚,并查明砾石成分与源区岩石的对应关系
组成颗粒的形态	(a)颗粒形态的分类(对砾岩碎屑很重要); (b)寻找砾石的磨光面和条痕; (c)观察颗粒和砾石的磨圆度
组构	(a)在砾岩中寻找扁平砾石的优势方向,在所有岩性中寻找化石的优势方向,测量方向并做玫瑰花图; (b)观察砾石或化石的排列方式; (c)观察颗粒与基质的关系(特别是在砾岩和粗粒灰岩中),推断沉积物是基质支撑的还是颗粒支撑的; (d)观察砾石的变形特征(压实、破裂、分裂、凹痕)

3.1 沉积物的粒度和分选性

Udden–Wentworth 的粒级标准是被最广泛地接受和使用的粒级标准。

对于由砂级颗粒组成的沉积物,可以用放大镜确定主要的粒度等级,并且通常可以区分出粗、中、细粒度等级(表 3-2)。

图 3-1 描述了怎样通过比较来确定砂粒的粒度。对于更细粒的沉积物,可以通过咀嚼一小片岩石来确定粒度,粉砂级的物质在牙齿间有砂感,而黏土级物质则有滑感。

表 3-2　结晶岩石分类

单位：mm

	1.0	粗粒
巨晶	0.5	中粒
	0.25	细粒
	0.125	微细粒
微晶	0.063	
隐晶	0.004	

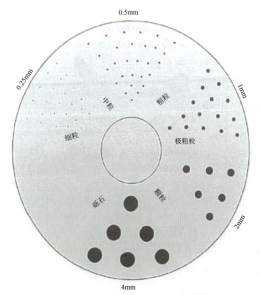

图 3-1　估计砂粒粒度的图解

对于化学成因的岩石（如蒸发岩、重结晶灰岩和白云岩），是估计它们的晶体粒度,而不是颗粒粒度。表 3-2 给出了描述晶体粒度的术语。

在对沉积物（尤其是硅质碎屑沉积物）开展精确、细致的研究工作时，可以采用各种实验技术进行粒度分析，包括筛分弱胶结的沉积岩和现代沉积物。在观察岩石薄片时使用计点器，以及其他沉积学研究方法。

在野外只能粗略地判断砂级沉积物的分选程度，可以用放大镜观察岩石，并与图3-2中的几个图片进行对比。

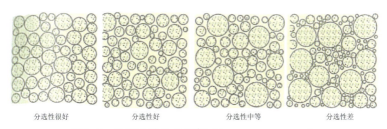

图 3-2　目测分选性的图解（据 Lewis and Pantin，1984）

沉积物的粒度可能在层内自下而上变细或变粗，形成粒级层。正粒序层理（最粗的颗粒在底部，向上变细）是最常见的，但反粒序层理（颗粒向上变粗）也能发生。反粒序层理通常仅出现于层的下部，向上转变为正粒序层理。在某些情况下，层内可能不显示任何粒度分选。复合粒级层在层内显示出几个向上变细的单位。

从广义上讲，硅质碎屑沉积物的粒度反映了环境的水能量。粗粒沉积物是被快速流动的水流搬运和沉积的，比承载细粒沉积物的水流流动得快，而泥岩倾向于在一个比较平静的水体中沉积。砂岩的分选反映了沉积过程，水流的搅动和改造作用可促进分选。相反，碳酸盐沉积物的粒度一般反映了组成沉积物的生物骨骼和钙化硬底的大小，这些当然也会受到水流的影响。分选一词可以用于灰岩，但要记住，某些灰岩类型（如鲕状灰岩和球粒状灰岩）本来分选性就是良好的，所以分选性不一定反映它们的沉积环境。

3.2 颗粒形态

颗粒的形态包括3个方面：①形状，由不同比例的长轴、中轴、短轴决定；②球度，测量颗粒形状接近球体的程度；③圆度，涉及颗粒角的曲率。

根据颗粒的长轴、中轴、短轴的比例，颗粒的形状可以分为4种类型：球状、圆盘状、片状和棒状。砾石的形状主要反映了它们的成分和软弱面（如岩石的层理/纹层、劈理或节理）。成分和构造都非常均匀的岩石（如花岗岩、辉绿岩和厚层砂岩），会形成等轴状/球状的砾石。薄层岩石一般会形成板状和圆盘状的碎屑。劈理很发育或片理化的岩石（如板岩、片岩和某些片麻岩），一般会形成片状或棒状的砾石。

作为描述性参数，圆度比球度更重要。对于大多数用途来说，使用图3-3中的简单术语就足够了。这些术语适用于砂岩中的颗粒和砾岩中的砾石。在一般情况下，颗粒和砾石的圆度（磨圆度）反映了搬运距离或改造程度。

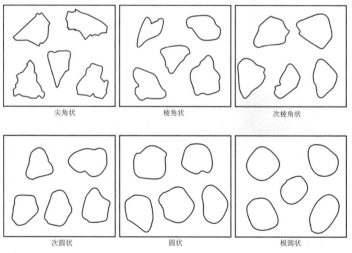

图3-3 沉积砂粒圆度轮廓对比图

对于灰岩来说，颗粒的圆度对沉积环境的指示意义不大，比如鲕粒和球粒的初始形状就很圆。应该观察灰岩中的骨骼颗粒是否被破坏，或者它们的形状是否因磨蚀而改变。

3.3 胶结类型

细粒基质的含量和基质-颗粒之间的关系会影响压实作用和沉积物的胶结类型，因而对于沉积机理和沉积环境的解释很重要。在颗粒支撑的沉积物中，颗粒直接接触，基质和胶结物可以出现在颗粒之间（图3-4、图3-5）。在基质支撑的沉积物中，颗粒不直接接触（图3-6）。此外，还要观察粗粒沉积物中粗大碎屑之间的基质，这种基质可以是分选性良好的或分选性差的（即沉积物作为一个整体，在粒度上可以是双峰式的或多峰式的）。

图3-4 甘肃马鬃山地区的奥陶系白云山组河流相砾岩

含有叠瓦状排列的砾石，是由砂岩或硅质岩组成的

图 3-5　甘肃马鬃山地区的震旦系洗肠井群冰碛砾岩
具有基质支撑组构，砾石呈棱角状到次圆状

图 3-6　志留系肮脏沟组复成分砾岩
具有颗粒支撑组构

对于砂岩和灰岩来说，不含泥质的颗粒支撑组构通常表明沉积物受到了水流、波浪或风的改造，或者是沉积物来自紊流，紊流中的悬浮物质（泥质）与较粗的河床负载物分离开来。具有基质支撑组构的灰岩，通常是在平静水体中沉积的。砾屑灰岩和漂粒灰岩是分别具有颗粒支撑与基质支撑组构的粗粒灰岩。

3.4 结构成熟度

砂岩的分选程度、磨圆度以及基质的含量与它的结构成熟度有关。结构不成熟的砂岩分选性差，含有棱角状颗粒和一些基质；结构极成熟的砂岩则分选性良好，含有磨圆好的颗粒，没有基质。结构成熟度通常随着改造程度和搬运距离的增加而提高，例如风成砂岩和海滩砂岩的结构通常是从成熟到极成熟的，而河流砂岩的结构成熟度则相对较低。结构成熟度通常可以与成分成熟度相匹配。应当记住，成岩作用可以改变沉积结构。在野外，用放大镜仔细观察可以估计砂岩的结构成熟度。

3.5 砾岩和角砾岩的结构

在野外很容易测量粗碎屑粒度。对于砾岩和角砾岩，通常是测量最大碎屑尺寸。测量方法有多种，其中之一是在 0.5m×0.5m 的正方形内测量 10 个最大碎屑的长度，取其平均值作为最大碎屑尺寸。此外，对砾岩层中的砾石做模态分析也是非常有用的。具体做法是测量 20～30 个砾石长轴的长度，制作直方图，来确定主要砾石的尺寸，最大碎屑尺寸是一个有用的参数，因为对于很多砾岩来说，它是流体搬运能力的反映。

砾岩层厚度也是一个重要的参数。在一个地层序列中，砾岩层的厚度可能会发生系统性的变化（向上增大或减小），反映了物源区的前进或后退。对于某些搬运和沉积过程（如泥石流和河流洪水）来说，最大颗粒粒度与砾岩层的厚度之间存在正相关关系。对于辫状河砾岩来说，则没有这种关系。

最大颗粒粒度和岩层厚度通常随着搬运距离的增加而减小。在一个面积很大的地区或一个垂向厚度很大的地层序列中，测量最大颗粒粒度和岩层厚度，可以揭示由于沉积环境和沉积物供应的数量与类型的变化而引起的系统性变化。这种系统性变化可能反映了气候或大地构造活动的重大变化。

图 3-2 中有关分选的术语可以用来描述粗粒沉积物的粒度分布，但在很多情况下这些术语是不合适的，因为粒度分布不是单峰式的。如果考虑砾石之间的基质，许多砾岩的粒度分布是双峰式或多峰式的。观察砾石层的粒度变化也是很重要的。在单个砾石层中，砾石的正粒序是常见的，但反粒序也可能发生，特别是在砾石层的底部。在某些砾屑岩（如岩屑流沉积物）中，大碎屑出现在岩层的顶部，这些大碎屑是被流体中向上的浮力带到那里的。

砾石的形状和磨圆度可以参照图 3-3 描述。在一个面积较大的地区或一个厚度较大的地层序列中，砾石的磨圆度可能会发生显著的变化，这与搬运距离有关。关于砾石的形状，在沙漠和冰川环境中，某些砾石具有平整的磨蚀面，成因与风蚀或冰川磨蚀有关。风蚀砾石被称为风棱石或三棱石。冰川砾石的标志性特征为条痕，尽管它们并不经常出现。

砾石的形状可能会在埋藏过程中或通过构造变形发生改变。泥岩中的碎屑，尤其是内源碎屑，在压实过程中可能会发生褶皱、弯曲、变形和破裂。在上覆岩层的负荷很重的情况下，岩溶作用可能会导致碎屑之间的缝合式接触，形成缝合面构造，或者一个砾石可能会被挤入另一个砾石，产生凹坑。在比较强烈的变形和变质过程中，砾石可能会被压扁或拉长。

应当注意砾岩的组构，特别是长条状砾石的优势方向（如果可能的话，应测量数十个或更多砾石的长轴方向），并寻找扁长状砾石的叠瓦状排列方式（砾石的长轴平行于水流方向，并向上游方向倾斜，图3-4）。如果露头非常好，还应测量砾石长轴与层理之间的夹角。在河流相和其他砾岩中，滚动砾石的长轴垂直于水流方向，而滑动砾石的长轴则平行于水流方向。在冰川沉积中，大多数碎屑的方向平行于冰川运动的方向。冰碛岩受到冰川边缘的冻结和融化的影响，可能含有开裂的巨砾。

某些角砾岩是灰岩在原地发生角砾岩化作用的结果，如某些岩溶角砾岩、角砾化的硬底和圆锥形硬顶、角砾化土壤（钙结砾岩）和坍塌角砾岩（因下伏蒸发岩的溶解而发生坍塌形成）。

砾石支撑组构是河流和海滩砾石的典型组构，而基质支撑组构则是岩屑流沉积物的典型组构。岩屑流沉积物可能是在陆上形成的（如冲积扇或火山岩地区），也可能是在水下形成的（如陆坡裙/扇）。由冰川直接沉积的冰川沉积物、冰碛物和冰碛岩也通常是受基质支撑的，并且通常与岩屑流沉积物有关（混积物和混积岩等术语通常用于与冰川有某种联系的泥砾/砾岩）。

3.6 固结和风化程度

沉积岩露头可以提供岩性，特别是岩性在地层序列中的垂向变化方面的有用信息。泥岩通常比砂岩和灰岩出露差，因为它们固结程度低，并且土壤更容易在泥岩上面发育。因此在悬崖和山坡露头上，砂岩、灰岩往往相对于泥岩更为突出，而泥岩则向内风化或被植被覆盖，砂岩和灰岩通常比泥岩更容易形成陡的山坡。垂直于层理的节理和破裂在砂岩、灰岩中比在泥岩中更为发育，因而在水平地层中形成直立的悬崖峭壁。地层序列中沉积旋回的存在，以及沉积物向上变细或变粗的趋势，可以通过差异风化揭示出来。

应当仔细观察悬崖或山坡，包括露头特征、山坡轮廓以及植被分布，它们都可能提供有关岩性及其自下向上的变化趋势等方面的线索。

3.6.1 固结

沉积岩的固结程度或硬度不容易量化，它取决于岩性、胶结程度、埋藏历史、地层时代等各种因素。固结是一个重要的概念，因为它与地形、气候和植被条件一起影响到岩石的风化程度。一个在地下非常坚硬的岩石，在地表由于风化作用，可能会变得非常脆弱、易碎。例如砂岩中的方解石胶结物、长石颗粒和钙质化石在地表很容易被溶解或风化掉。一方面，地表露头上的某些砂岩由于去钙作用而变得易碎并充满孔洞。另一方面，某些岩石（比如灰岩）在地表露头上变得更加坚硬（表面硬化）。表3-3为描述沉积岩固结程度的定性方案。

表3-3 沉积岩固结程度的定性方案

固结程度	固结特征
未固结	松散，没有任何胶结物
非常易碎	用手指容易捏碎
易碎	用手指摩擦会掉下大量颗粒，用锤子轻轻敲打可使样品碎裂
硬	用铅笔刀能把颗粒从样品上剥离下来，用锤子敲打时容易破碎
很硬	用铅笔刀很难剥离颗粒，用锤子难以敲碎
极端硬	需要用锤子用力敲打才能打破样品破裂面，从而形成许多颗粒

3.6.2 风化与蚀变

沉积物和岩石的风化状态是野外描述的重要方面，能够提供有关现在和过去的气候、暴露时间的长度、蚀变程度，以及与工程目的相关的岩石强度损失等方面的有用信息。当暴露在地表时，所有的沉积物和岩石都会发生不同程度的风化，并最终发育成具有A和B两个分带的土壤以及植被。土壤下面岩石的风化带为C带。风化作用导致岩石的退色、分解和破碎。

风化特征可以在现代露头上和不整合面之下的岩石记录中被

观察到。风化带上的土壤可能会被后来的侵蚀作用剥蚀,因而没有被保存下来。

风化作用是物理和化学综合作用的结果,强度主要受气候影响。机械风化作用受温度变化以及交替出现的潮湿-干旱等因素的影响,导致在岩石和晶体尺度上的裂隙和不连续面张开,并产生新的裂隙和不连续面。化学风化作用引起岩石的退色、颗粒蚀变(例如许多硅酸盐矿物蚀变为黏土)、颗粒溶解(尤其是碳酸盐质的化石颗粒和方解石胶结物),甚至岩石本身的溶解,形成冲刷穴、孔洞和岩溶。灰岩溶解后可能留下残留物(石英砂和泥)。表 3-4 列出了不同程度的风化作用及特征。表中所示的所有风化程度有可能出现在同一个剖面上,A 和 B 两个土壤层位于风化带的上部,或者由于剥蚀作用一个剖面仅保留了风化带的下部层位。

表 3-4 沉积物和岩石的风化作用及特征

风化程度	特征	等级
新鲜	无明显的风化迹象;也许在主要的不连续面上有轻微的退色	Ⅰ
轻微风化	退色表明岩石物质和不连续面的风化,整个岩石可能因风化作用而退色	Ⅱ
中等风化	不到一半的岩石物质发生分解或碎裂成土壤。新鲜或退色的岩石以连续格架或"核岩"的形式存在	Ⅲ
高度风化	超过一半的岩石物质发生分解或碎裂成土壤。新鲜或退色的岩石以不连续格架或"核岩"的形式存在	Ⅳ
完全风化	所有的岩石物质发生分解或碎裂成土壤。岩石的原始结构大部分被保留下来	Ⅴ
残留土壤	所有的岩石物质都转变为土壤。岩石结构被破坏。体积可能会发生变化,但土壤没有经过明显的搬运	Ⅵ

3.7 颜色

沉积岩的颜色可以提供有关岩性、沉积环境和成岩作用等方面的有用信息。在大多数情况下,简单的颜色辨别就足够了。在从事详细的研究工作时，可以使用颜色图表来确定岩石的颜色。

显然，最好是观察新鲜岩石表面的颜色，但是如果新鲜面与风化面的颜色不同，则要同时记录二者的颜色。风化面的颜色可以揭示岩石的成分（例如铁的含量）。

铁的氧化态和有机质的含量决定了很多沉积岩的颜色。铁有两种氧化态：三价铁（Fe^{3+}）和二价铁（Fe^{2+}）。三价铁通常是以赤铁矿矿物的形式存在，甚至在赤铁矿的含量不到1%时，也能使岩石染成红色。赤铁矿的形成需要氧化条件，主要出现在干旱、半干旱的大陆环境下。在干旱、半干旱的沙漠、盐湖和河流环境中形成的砂岩和泥岩通常因赤铁矿的染色(发生在早期成岩阶段)而发红，这样的岩石被称为"红层"。然而，红色的海相沉积岩(如远洋灰岩)也有报道。

含有三氧化二铁（Fe_2O_3）的水合物（针铁矿或褐铁矿）的沉积物呈黄褐色或浅黄色。在很多情况下，黄褐色是现代风化作用的结果，或者是由二价铁矿物的水合作用/氧化作用形成的矿物（如黄铁矿、菱铁矿、铁方解石、铁白云石等）引起的。

当沉积物处于还原条件时，铁处于二价氧化状态，通常包含在黏土矿物中，使岩石呈绿色。原来为红色的沉积物通过还原作用可以变为绿色，反之亦然。对于兼具红色和绿色的沉积物，要看一种颜色（通常为绿色）是否局限于某一个层位（如粗粒层），或者集中在节理面和断层面上。如果是这样的话，这表明后来的还原水是由通道或透水性较好的层位进入沉积物的。

沉积岩中的有机质使岩石呈灰色，当有机质的含量增加到一定的程度时，岩石就会呈黑色。富含有机质的沉积物一般是在缺氧的条件下形成的。细粒状、浸染状的黄铁矿也可形成深灰色和黑色。由黑色土壤（也许是森林火灾的产物）改造而来的黑色砾石，通常与不整合面和暴露的层位联系在一起。

其他颜色（如橄榄色和黄色）可能来自带色成分的相互混合。某些矿物具有特定的颜色，如果它们大量存在，就会使岩石呈现出强烈的色彩。例如海绿石和磁绿泥石-鲕绿泥石的存在使沉积物呈绿色，硬石膏（尽管在露头上不常见）可以使沉积物呈淡蓝色。

某些沉积物（尤其是泥岩、泥灰岩和细粒灰岩）可能是杂色的，具有灰色、绿色、棕色、黄色、粉红色或红色等多种颜色。这可能是由生物扰动作用（生物孔穴色斑）造成的，或者是在成土过程中造成的（水在土壤中运动，导致三氧化二铁、氢氧化物、碳酸盐呈不规则分布）色斑常见于湖相和泛滥平原相的泥岩和泥灰岩中，特别是沼泽相沉积物中。

在许多沉积岩中出现奇异的彩色韵律层状环带（李泽冈环带，图3-7），其中漩涡状的、弯曲的和相互切割的环带与层理斜交。环带的颜色通常为黄色和棕色，有时为红色，是由三氧化二铁和氢氧化物的含量变化引起的。虽然这些环带通常与风化作用有关，但是它们可以形成于沉积之后的任何时候。环带的形成与孔隙水在沉积物中流动、扩散以及矿物的沉淀和溶解有关。

图3-7 石炭纪河流相砂岩

该砂岩中出现富铁和贫铁的韵律层状环带（李泽冈环带）。这种环带是由于地下水在沉积物中间歇性流动造成的，一般与沉积作用或原生沉积构造没有关系（摄于英国东北部 Durham Castle）

表 3-5 给出了沉积岩的常见颜色和它们的成因。

表 3-5　沉积岩的颜色和可能的成因

颜色	可能的成因
红色	赤铁矿
黄褐色或浅黄色	三氧化二铁的水合物或氢氧化物
绿色	海绿石、绿泥石
灰色	少量有机质
黑色	很多有机质
杂色	部分淋滤
白色或无颜色	淋滤

4 沉积构造和沉积物的几何形态

4.1 概述

沉积构造是沉积岩的重要属性,它们出现在岩层的顶面和底面以及岩层内部。沉积构造可以用来推断沉积过程、沉积环境、古水流方向以及在褶皱地区地层由老至新的方向。表4-1中给出了本书所涉及的沉积构造的索引。

表4-1 主要沉积构造

顶面构造	波痕	观察它们是对称的/不对称的以及波痕的顶部形态;是流水、波浪形成的波痕还是风成波痕
	泥裂	干裂或脱水收缩裂缝
	剥离线理	形成于砂粒的平行推移过程中,表现为大致平行且非常微弱的沟与脊
	雨痕	雨滴降落在松软沉积物表面时所形成的小型撞击凹穴
	足迹和爬行痕迹	动物爬行、行走、觅食、休眠留下的痕迹
底面构造	槽模	三角形、不对称的沉积构造
	沟模	连续/不连续的长条脊状构造
	工具模	被水流搬运的物体与沉积物表面接触时形成的
	重荷模	当砂质沉积物覆于泥质或粉砂质沉积物之上,饱含水分的泥质、粉砂质发生液化时,上覆砂质沉积物就会陷入到液化的泥质、粉砂质沉积物中,在上覆砂质层底界面上形成了瘤状的突起物
	冲刷痕和河道	是由水流的侵蚀作用形成的小型侵蚀构造
	收缩裂缝	在暴露环境下,由干燥作用引起的沉积层或纹层的收缩和开裂
内部沉积构造	层理和纹理	岩石沿垂直方向变化所产生的层状构造

续表4-1

内部沉积构造	粒序层理	一个沉积单元中都表现出颗粒大小的逐渐变化
	交错层理	由一系列斜交于层系界面的纹层组成层理
	块状层理	层内物质均匀，组分和结构均无分异现象，不显示细层构造的层理
	滑陷和滑陷层理	孔洞构造
	变形层理	交错层理和交错纹理受到了变形，但沉积物本身没有发生大规规模侧向运动
	砂岩墙	地震引发的脱水作用和水分向上逸出而形成垂直于层面的裂隙，后被碎屑物充填形成
	碟状构造	在孔隙水的泄出过程中，破坏了原始沉积物的颗粒支撑关系而引起颗粒移位和重新排列，形成向上凹的似碟状模糊纹层构造
	结核	在未固结的沉积物中呈溶液状态的分散物质重新分配和集中，并逐渐增长而成
	缝合线	上覆地层压力和温度作用而形成剖面上呈锯齿状的曲线
	孔穴	生物进食和居住的孔穴
主要发育于灰岩（和白云岩）中的构造	示顶构造	指示层面向上的构造
	鸟眼构造	碳酸盐岩中的一种微小像鸟眼的空洞构造
	层状孔隙构造	具有平底和不规则顶部的孔洞
	古岩溶面	地表暴露和灰岩表面的大气溶解作用（岩溶作用）形成的不规则面
	硬底	由同沉积的胶结作用使得沉积物在海底发生部分岩化或全部岩化形成
	圆锥形构造	当碳酸盐沉积物发生同沉积的胶结作用时，被胶结的外壳也可能会受到挤压而向上弯曲，形成圆锥形构造
	叠层石	纹层状的微生物岩石

沉积构造多种多样，许多沉积构造可以出现在所有的岩性中。沉积构造是在沉积前、沉积过程中以及沉积后，通过物理、化学或生物作用形成的，可以细分为与侵蚀、沉积、灰岩沉积、沉积后/成岩以及生物作用相关的类型。

4.2 侵蚀构造

常见的侵蚀构造包括出现在层理底面的槽模、沟模和工具痕，以及一般的冲刷构造和河道。

4.2.1 槽模

槽模（图4-1）位于层理的底面，在平面上呈长条状或三角形，其圆形的末端或尖端指向水流的上游方向，而宽度较大的一端则指示下游方向。在剖面上它们是不对称的，较深的部分位于上游端。槽模的长度为几厘米到几十厘米。当紊流通过泥质沉积物的表面时，其漩涡会侵蚀泥质沉积物并形成刻槽。当水流减速时，沉积物充填在刻槽之中，形成槽模。槽模是浊积砂岩的典型构造，但它们也可以出现在河流砂岩和风暴沉积的砂岩/灰岩的底部。发育在浊流底部的槽模大小相近，形态规则，并且呈等间距排列。

图4-1 底面槽模

位于法国南部寒武纪硅质碎屑浊积岩中，水流方向从右下方到左上方。视域宽度约为1m

槽模是指示古水流方向可靠的沉积构造，应当测量它们的方向。

4.2.2 沟模

沟模是发育在岩层底面的长条脊状构造，宽度为几毫米至几十厘米不等（图4-2）。它们可能在延伸几米之后逐渐消失，也可能连续贯通整个露头。底面沟模可能是相互平行的，也可能在延伸方向上发生变化（差别可达几十度）。当物体（泥块或木头等）被水流牵引划过沉积物时，会形成凹槽。凹槽被充填后便形成沟模，沟模常见于浊积岩的底面。与沟模相似的构造可以出现在某些河流砂岩和风暴沉积的砂岩/灰岩的底部，但是它们的形态不太规则，连续性也较差，被称为小沟铸模（gutter cast）。沟模和小沟铸模指示了水流的方向，因此应当测量它们的方向。

图4-2 沟模
位于苏格兰南部的志留纪硅质碎屑浊积岩中（地质锤的长度为30cm）

4.2.3 工具模

工具模是在被水流搬运的物体与沉积物表面接触时形成的，包括锥痕、滚动痕、冲刷痕、弹跳痕和跳跃痕。如果一个物体是弹跳式前进的，它留下的压痕就可能多次重复。制造痕迹的物体通常为泥质碎屑、砾石、化石和植物残渣。一旦形成，工具痕可能会被进一步侵蚀，并且沿水流方向延伸。与槽模、沟模一样，当工具痕被沉积物充填时，也会形成印模，所以它们通常出现在砂岩和灰岩层的底部，尤其是在浊积岩层的底部。

4.2.4 冲刷痕和冲刷面

冲刷痕和冲刷面是由水流的侵蚀作用形成的。冲刷痕这个术语一般用于小型的侵蚀构造，宽度通常小于1m，切割深度为几厘米。冲刷痕可以出现在岩层底部或内部，在平面上它们通常沿着水流方向延伸。随着规模的增大，冲刷痕逐渐过渡为冲刷河道。冲刷面的典型特征是：切割下伏沉积物，下伏纹层被削顶，以及在冲刷面之上出现粗粒沉积物。冲刷面通常是截然的、不规则的和起伏不平的，但也有平滑的冲刷面。

冲刷痕和冲刷面既不受岩性的限制，也不受沉积环境的控制，它们可以出现在水流强大到足以侵蚀下伏沉积物的任何地方。它们通常是在一个单独的侵蚀事件中形成的。

4.2.5 河道

河道是规模较大的沉积构造，宽度从几米到几千米不等，通常为沉积物长期搬运的场所。许多河道在剖面中呈上凹状(图4-3)，其充填物在地质图上可能表现为长条状（或串珠状）的沉积体。和冲刷痕一样，河道可以通过它们与下伏沉积物的切割关系识别出来（图4-3）。河道中充填的沉积物通常比下伏或附近的沉积物粒度更粗，有时含有底部砾岩层（滞留沉积物），具有交错层理的砂岩是很多河道的充填物。

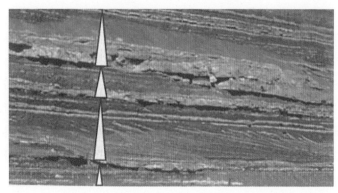

图 4-3 三叠纪泛滥平原沉积序列中发育的河道、河漫滩相沉积和向上变细的沉积旋回（如三角形所示）。下部的河道表现为从左至右的侧向加积（即曲流作用），主要被泥岩所充填。上部砂质充填的河道中出现交错层理。河道沉积物向上变细，成为泛滥平原相的红色和绿色泥岩（摄于美国亚利桑那州）

在野外，某些大型河道可能不会一眼就能看出来，因此需要从远处观察开采面和悬崖，并仔细观察沉积单元的侧向连续性。河道内的沉积物可能会超覆在河道的两侧之上。河道中充填的沉积物通常会显示自下而上的粒度变化（一般为向上变细）或沉积相变。例如由于海平面的相对抬升，一个深切谷可能会逐渐被河流相－港湾相－海相沉积物充填。

河道可以出现在多种不同环境的沉积物中，包括河流、三角洲、潮下带-潮间带和海底扇沉积物。对于出现在河流、三角洲和潮汐沉积物中的河道，应当寻找侧向加积作用的证据——低角度的倾斜面，其存在可能表明河道发生了侧向迁移（曲流作用）。应当测量水道构造的方向（例如通过大型交错层理来测量），它通常指示了古斜坡的延伸方向，这对于古地理重建非常重要。

4.3 沉积构造

沉积构造包括大家熟悉的层理、纹理、交错层理、波痕和泥裂，它们出现在岩层的顶面或岩层内部。在灰岩中还存在一些其他的沉积构造，包括各种孔洞、由同沉积胶结作用形成的构造（硬底和圆锥形构造）、陆地溶解构造（古岩溶面、溶洞和角砾）和叠层石－凝块叠层石。

4.3.1 层理和纹理

层理和纹理限定岩石的层次。层理的厚度大于1cm，而纹理的厚度小于1cm。层理是由岩层组成的，纹理是由纹层组成的。平行（也被称为面状的或水平的）纹理是一种常见的层内构造。表4-2给出了岩层和纹层厚度的描述术语。岩层的形态和边界也是多种多样的，可以分为面状的、波状的和弯曲的等类型。它们可以是相互平行的、非平行的，或者是不连续的。图4-4展示了不同类型的层理和纹理。

表4-2 描述层厚的术语

层厚	巨厚层状
0.3～1m	厚层状
0.1～0.3m	中厚层状
30～100mm	薄层状
10～30mm	极薄层状
3～10mm	厚纹层状
<3mm	薄纹层状

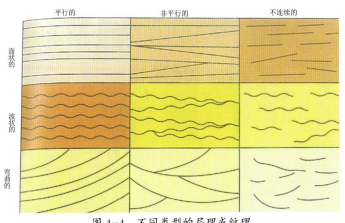

图4-4 不同类型的层理或纹理

4.3.1.1 层理

层理是由于沉积过程改变所形成的，它可以通过沉积物的粒度、颜色和矿物成分的变化来限定。层理的界面可以是截然的、平滑的、不规则的，或者是渐变的。在砂岩层或灰岩层之间通常会出现薄的页岩或泥岩夹层。层理面可以是平滑的、波状起伏的、波纹状的或缝合状的等，它们代表了或长或短的沉积间断。图4-5展示了岩层之间的各种接触面及其特点。

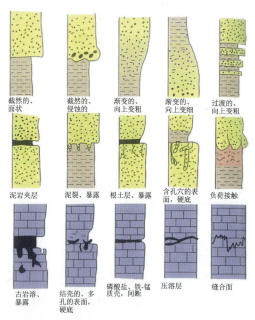

图4-5 层理面与岩层之间的接触关系（各种可能出现的情况）

野外工作中，要注意观察接触面上是否存在侵蚀（冲刷）作用的证据，也就是说，在粗粒沉积物之下是否存在一个截然的侵蚀接触面。

在岩层顶面之下，寻找自下而上粒度或成分上的变化，是否存在水体向上变浅的证据。

观察层理面上是否具有波痕、剥裂线理、泥裂和植物根系。

察看岩层的底面,看是否存在侵蚀构造(如槽模、沟模和工具模)。

在剖面上观察岩层内部的沉积构造（如交错层理和粒序层理）。重要的一点是，要确定岩层是在单个事件（如浊流或风暴流）中沉积的，还是在较长的时期（几年至几百年）内沉积的。观察层理面的侧向连续性：沉积作用形成的层理面应当很稳定；而成岩作用（压溶作用）形成的层理面则会逐渐消失，或者向上或向下切割岩层。

在灰岩中，层理面可能是古岩溶面、出露面，或是由同沉积海底胶结作用形成的硬底的表面，在硬底的形成过程中，沉积作用减少或可以忽略不计。然而值得注意的是，层理面（特别是灰岩和白云岩的层理面）可能会在埋藏过程中得到加强或发生改变，甚至由于压溶作用形成缝合面或者比较平滑的、波状起伏的压溶层。

岩层的界面可能会由于松软沉积物的压实和负荷作用而变形，砂岩与下伏泥岩之间的接触面就通常受到这种方式的影响。构造运动(例如沿层理面的滑动和劈理的形成)也可以改造岩层的界面。

4.3.1.2 岩层厚度

岩层厚度是一个重要有用的参数。对于某些水流沉积物（如浊积岩和风暴层）来说，岩层的厚度会在下游方向上减小。在垂向序列中，岩层的厚度可能会发生系统性地向上减小或增大，表明控制沉积作用的某个因素逐渐发生了变化（例如离源区的距离增大 / 减小，或者源区抬升量的增大 / 减小影响了沉积物的供给）。或者岩层可以组成几个重复的小单元，每个单元中的岩层厚度都向上增大或减小。在某些砾岩中，岩层的厚度与沉积物的粒度有关。

4.3.1.3 平行 / 水平纹理和水平层理

砂岩、灰岩和泥岩中，纹理是由粒度、矿物、成分和颜色的变化决定的。砂岩和灰岩的水平层理可能是由强水流沉积形成的，被称为顶面层纹理；也可能是由弱水流沉积形成的，被称为底面层纹理。泥岩的纹理是通过悬浮物质和低密度的浊流沉积形成的，或者是通过矿物的沉淀形成的。

顶面层纹理主要出现在砂岩和灰岩中，它是在高流速、高流态的水流中通过水下沉积形成的。纹层是由粒度的细微变化显示的，厚度为几毫米（图4-6）。这类平行纹理的特征是具有剥离线理（图4-7）。在适当的光线下观察，纹理面上可见明显的条纹，其高度仅相当于几个颗粒的直径。这种线理是由靠近沉积物表面的涡流形成的。剥裂线理与水流方向平行，因而其方向指示了古水流的方向。

图4-6　更新世临滨石英质灰岩（含有双壳化石）中发育的水平层理，是由快速流动的水流在顶面层相（upper plane-bed phase）形成的，上覆交错层理。视域宽度为50cm（摄于澳大利亚西澳州）

图4-7　在白垩纪水平浊积砂岩中发育的剥裂线理（原生水流线理）在照片中从左到右延伸。视域宽度为40cm（摄于美国加利福利亚州）

底面层纹理缺乏剥裂线理，通常出现在粒径大于0.6mm（粗砂级）的沉积物中。它是在低流速、低流态的牵引流中，通过沉积物的推移质运动形成的，通常出现在粗粒砂岩和灰岩中。

纹理主要是通过悬浮流或低密度浊流的沉积形成的，可以出现在各类细粒沉积岩（尤其是泥岩、细粒砂岩和灰岩）中。纹层的厚度一般为几毫米，并通常发育正粒序。如果沉积作用发生在悬浮流（如冰川和非冰川的湖泊）中，可以形成季候纹理和韵律纹理（图4-8）。

图4-8　二叠纪泥灰岩中发育的次毫米级韵律纹层

可能属于年纹层/季节性纹层。富黏土和富碳酸盐的纹层交替出现，二者构成厚度约为1.5cm的单元。较厚的单元为远端浊积岩。剖面高度为20cm（摄于英格兰东北部）

纹理还可以通过矿物（如方解石、石盐、石膏、硬石膏）的沉淀形成，或通过水面浮游生物的大量繁殖以及随后发生的有机质的沉积形成。许多纹层状的细粒沉积物是在受到保护的环境（如潟湖和湖泊）中，在浪基面以下、相对深水的海盆中沉积的。

在野外，对纹理的观察描述要注意它是由不同岩性（如黏土岩/粉砂岩，或黏土岩/灰岩）互层形成的，还是由粒度变化（如从粉砂质纹层递变为黏土质纹层）形成的，或者两者都有。

如果是砂岩，可将它裂开，并寻找层面上的剥裂线理。

如果是灰岩，应确定纹理是由颗粒的物理运动形成的，还是微生物（叠层石）成因的。

要测量纹层的厚度，以及具有平行纹理/水平层理的纹层组成的单元厚度。

寻找纹层的组合单元，它可以揭示长期控制沉积作用的因素。如果纹层属于年纹层或季节性纹层，就可能存在影响纹层厚度的、长期的气候控制因素。

4.3.2 波痕、沙丘和沙波

这些沉积构造主要发育在砂粒级沉积物、灰岩或砂岩中，也可以在燧石、石膏（石膏砂岩）和铁质岩中发育。层面上的波痕很常见，但是大规模的沙丘却很少完好地保存下来。在特定条件下，波痕、沙丘和沙波的迁移可以形成多种类型的交错层理。交错层理是砂岩、灰岩和其他沉积岩中最常见的沉积构造之一。风和水都可以搬运沉积物，并形成交错层理。

4.3.2.1 浪成波痕

浪成波痕是波浪在非黏结性沉积物（尤其是粉砂级到粗砂级的沉积物）上活动形成的，其典型形态是对称的。不对称的浪成波痕的确存在，它们是当波浪在一个方向上的运动强于另一个方向时形成的，并且可能很难与顶部（波峰）平直的流水波痕区分开来。浪成波痕的波峰分叉现象比较普遍（图4-9），它们甚至可以首尾相接，将小的洼坑封闭起来。在剖面上，波谷通常比波峰更圆滑一些。浪成波痕的波痕指数（图4-10）一般为6或7。浪成波痕的波长受沉积物的粒度和水深控制，沉积物越粗、水越深，波痕的规模越大。

图 4-9 中元古代海滨砂岩中的浪成波痕

波峰发生分叉,在大波痕(波长为 10cm)的波谷中出现小波痕(摄于澳大利亚西澳州)

水深的变化可以影响浪成波痕,并形成改变了的、具有单峰或双峰的波痕。如果在流水波痕或浪成波痕发育的地区水流运动的方向发生了变化,就可能发育一组次级波痕,形成干涉波痕,或者在大型波痕的波谷内形成小波痕(阶梯状波痕)。干涉波痕和阶梯状波痕是潮坪和浅水沉积物中的典型构造。

			波痕指数=L/H
风成波痕	$L 2.5\sim25\text{cm}$,	$H 0.5\sim1.0\text{cm}$	大多数为 10~70cm
浪成波痕	$L 0.9\sim200\text{cm}$,	$H 0.3\sim25\text{cm}$	一般为4~13cm,大多数为6~7cm
流水波痕	$L<60\text{cm}$,	$H<6\text{cm}$	>5cm,大多数为8~15cm

图 4-10 风成、浪成和流水成因的波痕的波长(L)、波高(H)和波痕指数的变化图

4.3.2.2 流水波痕、沙丘和沙波

流水波痕是由单向水流形成的,因而是不对称的,具有陡峭的背流面(下游)和平缓的向流面(上游)(图 4-11)。根据

流水波痕的形态，可以将它们划分为3种常见的类型：波峰平直的波痕、蜿蜒状或波状起伏的波痕和舌状波痕（图4-12）。新月形波痕也存在，但相当少见。随着水流速度的增加，波峰平直的波痕通过过渡性的蜿蜒状波痕，逐渐变为舌状波痕。流水波痕的波痕指数一般为8～15。在粒径大于0.6mm（粗砂）的沉积物中，流水波痕不能形成。流水波痕在几乎所有的沉积环境中都可以发育，如河流、三角洲、海岸线、滨外陆棚和深海。

图4-11 中石炭世三角洲相沉积岩中发育的流水波痕

这些不对称的、波峰平直的波痕逐渐过渡为舌状波痕。一条动物行迹穿过波痕；圆形的小洞（现已充填）可能是环节动物的潜穴。水流从右向左流动（摄于英格兰东北部）

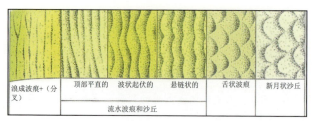

图4-12 浪成波痕、流水波痕和沙丘顶部（或波峰）的平面形态

舌状和新月状沙丘（波痕）很少见。向流面（比较平缓，面向上游）呈点画状，也就是说，水流是从左向右流动的。沙丘是比波痕规模更大的底形

水下沙丘（又被称为大波痕）和沙波（沙坝）都是类似于波

痕的大型沉积构造，虽然它们很少能够完整地保存下来，但是由其迁移作用形成的交错层理确实是很常见的沉积构造。水下沙丘的长度一般为几米到 10m 以上，高度可达 0.5m。它们在现代河流和港湾中都能见到。随着水流速度的增加，沙丘的顶部形态逐渐从平直状变为蜿蜒弯曲状再到新月状。波痕通常出现在沙丘的向流面和凹槽中。沙波比沙丘的规模更大，波长和宽度可达数百米，高度可达数米，多呈舌状。沙波多见于大型的河流中，类似的沉积构造出现在浅海大陆架中。在河流中，相比沙丘而言，沙波是在水的深度更浅、流速更低的条件下形成的。

4.3.2.3 风成波痕和沙丘

和流水波痕一样，风成波痕（wind ripples）和沙丘也是不对称的沉积构造。风成波痕通常具有长、直、平行的波峰，有时出现分叉，类似于浪成波痕。风成波痕的波痕指数很高，意味着波痕相当平坦。风成波痕很少能够保存下来。风成沙丘本身也很少能够保存下来，但是它们在迁移过程中形成的交错层理是古老的沙漠砂岩的特征之一。风成沙丘的两种常见类型是新月形沙丘（新月构造）和纵向沙丘（长条状沙丘），它们可能出现在大面积的风沙地区。通过对风成砂岩的分布和厚度开展大面积的填图，可以揭示大型纵向沙丘和臂型韵律层的存在。

4.3.3 交错层理

交错层理是一种发育在砂级和更粗沉积岩中的内部沉积构造，它是由与主要层理成角度相交的层理组成的。很多交错层理是通过波痕、沙丘和沙波的迁移作用形成的。然而，砂级沉积物中的交错层理还可以通过充填水流侵蚀的凹槽和冲刷痕、小型三角洲的生长（进入湖泊或潟湖）、逆行沙丘和小圆丘的发育、河道中点沙坝的侧向迁移，以及在海滩前滨上的沉积作用等多种方式形成。大型交错层理是风成砂岩典型特征。交错层理还可以在砾岩（尤其是在辫状河流中沉积的砾岩）中形成。规模巨大的"交错层理"被称为斜坡型构造。

在野外，交错层理值得仔细观察，因为它是对沉积学解释（包括古水流分析）最有用的沉积构造之一。表4-3为交错层野外观察要点。

表4-3 交错层野外观察要点

测量	层系及层组的厚度，交错层/交错纹层（细层）的厚度，交错层理的最大倾角，与古水流分析有关的交错层理的倾向。确定是交错纹理（层系的厚度小于6cm，交错纹层的厚度小于几毫米）还是交错层理（层系的厚度通常大于6cm，交错层的厚度大于几毫米）
观察前积层的形态	板状或者槽状。观察是否为爬升波痕交错纹理向流面，是否为侵蚀面，向流面的纹层是否保留下来了，是流水波痕交错纹理还是浪成波痕交错纹理，寻找形态不协调的纹层、披盖前纹层、波状的或"人"字形的交错纹层。所有这些都是浪成交错纹理的特征，是否存在由泥盖层形成的泥波层理，或者存在由互层泥层形成的波状层理，或者存在由泥岩中的交错纹理透镜体形成的透镜层理
观察交错层组的形状	槽状、板状或者楔状。是否存在主要的边界面，观察前积层：面状层还是槽状层，与底面是交角式还是切线式接触。观察交错层理的底层：顺流还是逆流。观察沉积物的结构：注意粒度的分布、交错层中沉积物的分选和粒序，以及粗粒层和细粒层的互层。寻找交错层组内部的侵蚀面：它们是复活面吗？是否存在潮汐水流的证据？指示潮汐成因的特征，包括"人"字形的交错层理，交错层的厚度和粒度在剖面上发生系统的变化，在交错层上出现泥盖层，逆流交错纹理中的透镜体是否存在风暴波浪的证据，是否发育圆丘状或槽注状交错层理，交错层与底面之间的低角度交截面是波状起伏的吗？如果是低角度的交错层理，它是逆行沙丘交错层理还是海滩纹理（交错层与顶、底面的夹角很小），如果是大型的、高角度的交错层理，它是风成的吗？是否存在针状条纹层理，在交错层单元内寻找低角度的层面，它们是侧向加积面吗？巨型交错层理是通过扇三角洲或"吉尔伯特型"三角洲的扩展形成的吗？它们是斜坡构造吗？

4.3.3.1 交错纹理和交错层理

在同一个岩层内部,交错层理可能只形成一个层系(set),也可能形成多个层系(被称为层系组 coset,图 4-13)。交错纹理和交错层理的区别在于它们的规模大小不同。在交错纹理中,层系的高度小于 6cm,单个纹层(细层)的厚度仅为几毫米;在交错层理中,层系的高度一般大于 6cm,单个交错层的厚度为几毫米至 1cm,甚至更厚。

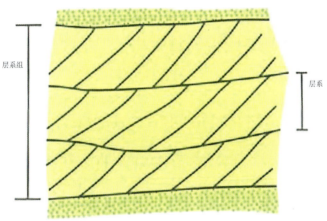

图 4-13 交错层理的一个层系组(包括 3 个层系)

4.3.3.2 交错层理的形态

大多数交错层理是由于波纹、沙丘和沙波的顺流(或顺风)迁移形成的,在此过程中沉积物向流面上运动,然后在背流面沉积下来。交错层理的形态反映了背流斜坡的形态,并且取决于流动特征、水深和沉积物的粒度。

交错层中倾角较大的部分为前积层,它们与水平面之间呈角度相交或切线式接触;倾角较小的下部被称为底积层(图 4-14)。向上游方向(逆流)或下游方向(顺流)倾斜的交错纹层可以发育在大型交错层的底积层部分,它们是波痕在沙丘的槽部形成的产物(图 4-14)。

一组交错层的顶部界面通常是一个侵蚀面,大多数交错纹层也是这种情况。在沉积过程中,向流面的纹层很少被保存下来。

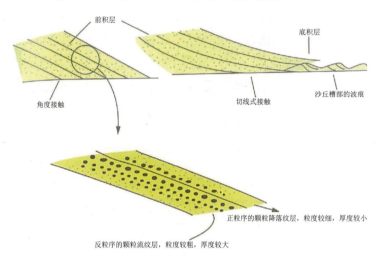

图 4-14 交错层理的特征(底部接触关系和内部结构特征)

在厚度较大的多组交错层(例如由风成沙或浅海沙组成的交错层)中,可以识别出不同等级的界面来(图 4-15),其中有的界面为再作用面。某些水平的界面(第一级界面,图 4-15)为侧向延伸很广的层面(主要界面),它们可能在沉积环境方面具有重要意义(例如在风成沙地区受地下水位上升的影响,或者在浅海陆架上受一次主要风暴事件的影响)。

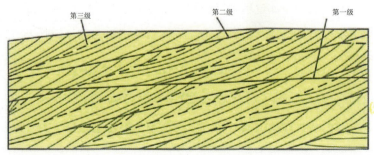

图 4-15 交错层中不同等级的边界面(贯穿性层面被称为主要界面,没有限定比例尺)

当形成交错层理的原始底形能够保存下来时，交错层理的形态与底形的形态一般是一致的。一组交错层构成一个单元。

交错层的三维空间形态包括两种常见类型：板状交错层（内部分界面一般为面状）和槽状交错层（内部分界面呈铲状；图4-16）。板状和楔状交错层理主要由面状交错层组成，交错层与底部界面呈角度相交或切线式接触。在层理面上，面状交错层与层理面的交线为直线。槽状交错层通常与底部界面呈切线式接触，在层理面上观察，槽状交错层表现为嵌套状曲线（图4-16）。

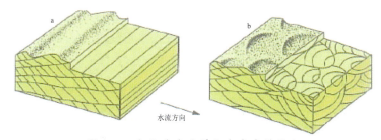

图 4-16 板状（a）和槽状（b）交错层理

在 a 中，交错层是面状的，与底部接触面呈角度相交；在 b 中，交错层为铲状的，与底面呈切线式接触

板状交错层理是由具有平直顶部的底形形成的，而槽状交错层理是由具有弧形顶部的底形形成的（图4-17）。

图 4-17 更新世临滨生物碎屑粒状灰岩中的槽状交错层

注意在这个剖面中不能确定古水流的方向（摄于澳大利亚西澳州）

板状交错纹理是由具有平直波峰的波痕形成的；板状交错层理主要是由沙波形成的，也可以是由具有平直顶部的沙丘形成的。槽状交错纹理主要是由舌状波痕形成的；槽状交错层理主要是由新月形和弯曲的沙丘形成的。

4.3.3.3 交错层内的分选与交错层的类型

对单个交错层进行仔细观察，会发现它们的粒度分布有变化，并且有可能区分出不同类型的交错层。当砂粒在底形的背流面斜坡上崩落并沉积时，所形成的交错层具有良好的分选性，并出现反粒序和正粒序，这种交错层被称为颗粒流层。当流体（风或水）将砂粒搬运到背流面斜坡下并沉积时，就会形成具有正粒序的牵引层。由崩落和牵引作用形成的粒度较粗、厚度较大的砂层，通常与由悬浮物质沉积形成的、细粒薄层沉积物（颗粒降落层）交替出现。当崩落与牵引作用持续进行时，单个交错层内部的分选性会较差，细粒层会缺失。

细粒的沉积物和植物碎片通常聚集在交错层理的底积层，这是因为这些比较轻的物质被流体搬运，经过波痕或沙丘的顶部后在槽部沉积下来。因此交错层理的底积层可能会显得颜色更深，这是因为其中含有更多的黏土和有机质。

4.3.3.4 爬升波痕交错纹理

当波痕在迁移过程中伴随着大量沉积物（尤其是悬浮物质）的沉积时，后面的波痕会爬升到前面的（下游的）波痕背上，形成爬升交错纹理（也被称为波痕迁移）。在快速沉积的条件下，向流面的纹层可以被保存下来，因而纹层从一个波痕到另一个波痕是连续的（图 4-18）。

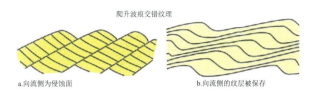

图 4-18　两种类型的爬升波痕交错纹理（波痕迁移）

在 a 中，层系之间的界面为侵蚀面；在 b 中，向流侧的纹层被保存下来了，所以交错纹层是连续的

4.3.3.5　浪成交错纹理

浪成波痕的内部构造是多种多样的（图 4-19）。纹层的形态通常与波痕的轮廓不协调。区分浪成交错纹理和流水波痕交错纹理的另外两个特征是不规则、波状的底部界面和披盖式前积纹层（图 4-19）。

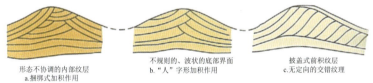

图 4-19　浪成波痕内部构造的 3 种类型

4.3.3.6　脉状泥波层理、透镜状层理和波状层理

在波痕发育的某些地区，由粉砂质和砂质组成的波痕发生间歇性的运动，泥质在滞潮期从悬浮状态中沉积下来。脉状层理是在具有交错纹层的砂岩中夹有泥岩条纹，通常位于波痕的槽部（图 4-20 和图 4-21）。在透镜状层理中，泥岩占主导地位，具有交错纹层的砂岩呈透镜状出现（图 4-20 和图 4-22）。在波状层理中，具有交错纹层的薄层砂岩与泥岩互层（图 4-20）。这些层理类型在潮坪和三角洲前缘沉积物中很常见，它们通常是在沉积物供给或水流（波浪）活动强度不稳定的条件下形成的。这种砂岩和泥岩的薄夹层通常被称为异粒岩相。

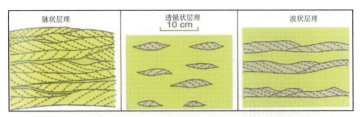

图 4-20 脉状层理、透镜状层理和波状层理的素描图

图 4-21 石炭纪交错纹层状砂岩夹薄层泥岩（三角洲相）中的脉状层理

剖面高度为 20cm（摄于英格兰东北部）

图 4-22 二叠纪外陆架相沉积岩中的透镜状层理

在深灰色泥岩中出现由交错纹层状砂岩组成的透镜体（沉积物从右向左运移）（摄于澳大利亚西澳州）

4.3.3.7 再作用面

仔细观察会发现,在某些交错层的内部存在着切割它们的侵蚀面(图4-23)。这些侵蚀面被称为再作用面,代表了流动条件的短期变化引起的底形形态的改变。它们可能由于潮汐-水流的反向或者风暴作用的影响出现在潮汐砂沉积物中,也可能因为河流水位的变化出现在河流沉积物中,还可能因为风力强度的变化出现在风成砂中。

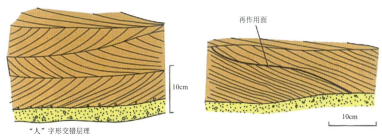

图4-23 "人"字形交错层理和交错层理中的再作用面

4.3.3.8 潮汐交错层理

潮汐交错层理是潮汐流沉积的产物。"人"字形交错层理是一种双向交错层理,即相邻交错层的倾向是相反的(图4-23)。"人"字形交错层理是由于水流的反向,导致沙丘和沙波迁移方向的改变而形成的,但它并不是潮汐砂沉积物的普遍特征。应当观察并确认,双向交错层理的剖面形态是不是由槽状交错层理引起的。

在很多情况下,潮汐交错层理是无定向的,因为一个潮汐流的强度可能会比另一个大得多。然而,某些细微的特征可以指示交错层理是潮汐成因的:在交错层面上可能会出现泥盖层,它们是在潮汐流反向时从滞潮中沉积的(图4-24);在交错层内部可能会出现具有波痕和交错纹理的透镜体,它们所指示的水流方向与交错层理指示的水流方向相反,表明当时出现了微弱的、反向流动的潮汐流(图4-24)。

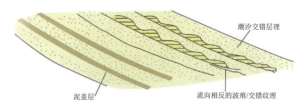

图 4-24 潮汐交错层理的特征（泥盖层和流向相反的波痕/交错纹理）

在某些大型潮汐交错层的剖面上，交错层的厚度和粒度随时间发生规律性的变化（图 4-25、图 4-26），这种变化反映了由月潮周期引起的潮汐流强度的增强或减弱。通过测量交错层的厚度，可以看出一个月中有多少天。再作用面和主层面常见于受到风暴影响的潮汐砂沉积物中，并使沙波或沙丘受到侵蚀和改造。

潮汐砂岩通常是分选性和磨圆度较好的砂岩（结构成熟度为成熟的-极成熟的），尽管其中可能夹有薄层砾岩或砾岩透镜体；化石/遗迹化石可能也出现在潮汐砂岩中。

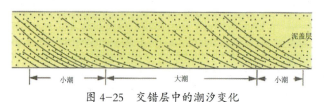

图 4-25 交错层中的潮汐变化

在交错层序列中，泥质/细砂的含量随着潮汐的变化而出现有规律的变化

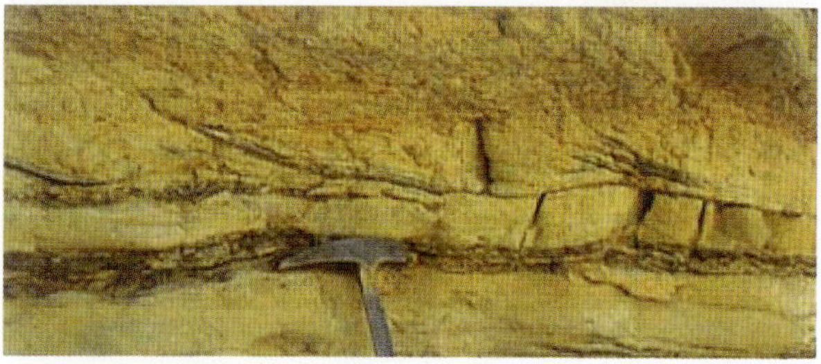

图 4-26 侏罗纪陆架砂岩中发育的、由沙波迁移形成的潮汐交错层理

注意在前积层中出现的泥盖层及其分布规律，它们反映了小潮-大潮的月潮周期（摄于阿根廷）

4.3.3.9 风暴层理：丘状交错层理、洼状交错层理和风暴层

在砂级沉积物中，丘状交错层理和洼状交错层理是两种特殊的交错层理类型。一般认为它们是风暴波浪作用的产物，并且是在外滨面环境中正常浪基面和风暴浪基面之间的过渡区形成的。丘状交错层理以平缓波状的、低角度（<15°）的

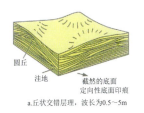
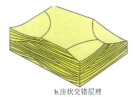

a.丘状交错层理，波长为0.5～5m　　b.洼状交错层理

图4-27　丘状交错层理（HCS）与洼状交错层理（SCS）

交错层理为特征，向上凸出部分为圆丘，向下凹陷部分为洼地（图4-27～图4-30）。圆丘之间的距离为几十厘米到1m，甚至更大；圆丘的平面形态为穹隆状。

某些丘状层理可以划分为一系列组成部分：底部（B）、平面层状（P）、圆丘状（H，丘状层理的主要部分）、水平层状（F）、交错纹层状（X）和泥岩（M）。这反映了从强烈的单向流（B、P）到振荡流（风暴波浪）再到悬浮沉积（M）的变化。

图4-28　晚二叠世生物碎屑泥粒灰岩中发育的丘状交错层理

波长为1m（摄于英格兰东北部）

与丘状交错层理（HCS）相关的是洼状交错层理（SCS），后者主要是由开阔的、凹面朝上的纹层组成的。洼状交错层理中

的平行纹层/水平层理通常伴随有剥裂线理。一般认为洼状交错层理是在内滨面到中滨面的过渡带中形成的，那里的水动能高于丘状交错层理的沉积环境。

具有丘状交错层理和洼状交错层理的砂岩/灰岩层只是风暴沉积物系列的一个端元（图4-29）。在浪基面之下，风暴波浪沉积物让位于风暴流沉积物。后者通常具有截然的底面（伴随有底面构造），主要是由粒序层和交错纹层（厚度为0.01～0.5m）组成，并与外陆架泥岩互层。风暴流沉积层通常被称为风暴层（tempestites）。某些风暴层含有大量的化石。

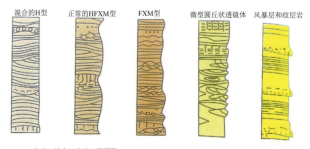

图4-29　从近源浅水区（以丘状交错层理为主），到远源处深水区（以风暴层为主）的风暴沉积物系列

H.圆丘状交错层理；F.水平层理；X.交错纹理；M.泥质

图4-30　中元古代灰岩中发育的具有波状纹理（丘状交错层理，HCS）的风暴层

注意下部岩层的两侧是相互平行的，向上河道效应增强，表明自下而上风暴活动加剧。这可能是由于海岸线向海推进，导致海水变浅的结果［摄于印度东部山脉（高止山脉东部）］

4.3.3.10 海滩交错层理

在海浪活动强度为中等到强烈的海滩-前滨环境下，所形成的硅质碎屑砂岩和碳酸盐碎屑砂岩，以发育低角度、削顶的、面状交错层理为特征（图4-31和图4-32）。低角度的层理通常向大海的方向倾斜，但是当沉积作用发生在海滩凸起的大陆一侧时，层理可能会向大陆方向倾斜。层系之间的界面代表了海滩剖面的季节性变化。交错层内部可能会出现由海浪倒流形成的反粒序，层面上通常发育原生的流水线理。此外，还可能会出现较浅的、与海岸线垂直的、由离岸流形成的河道构造。具有交错纹理和交错层理的砂岩透镜体，可能会出现在具有水平层理的海滩砂岩之中。

图4-31 在海滩-前滨环境沉积的更新世生物碎屑粒状灰岩中，发育低角度、削顶的交错纹理和剥裂线理。视域宽度为2m（摄于马略卡岛）

沉积物的结构和成分可能有助于确定它们是在海滩-前滨环境中沉积的。海滩砂岩通常为石英质砂岩，砂粒的分选性和磨圆度均较好，并且可能含有生物孔穴、化石和重金属层（包括由磁铁矿或钛铁矿颗粒组成的砂矿层）。海滩砂岩中可能夹有分选性和磨圆度都很好的砾岩透镜体和砾岩层，其中的砾石可能呈叠瓦状排列。

在海滩环境中沉积的灰岩可能含有毫米级的孔洞（大多数现

已被方解石充填），这些孔洞是通过潮起潮落时圈闭在砂中的空气形成的。

图 4-32 在悬崖下部的前滨相生物碎屑粒状灰岩中，岩层以低角度向大海的方向（向左）倾斜；在上覆更新世生物碎屑粒状灰岩（风成相）中，大型交错层理向大陆方向（向右）倾斜。直立的管状体为钙化的树根（摄于澳大利亚西澳州）

4.3.3.11 风成交错层理

与水下形成的交错层理相比，风成交错层理的层系厚度更大，并且交错层本身的倾角也更大（图 4-33）。风成交错层的层系厚度一般为几米（最厚可达 30m），交错层的形态为槽状或面状，通常与底面呈切线式相交，前积层的倾角一般超过 30°。而在水下形成的交错层理中，层系的厚度通常小于 2m，交错层的倾角小于 25°。

在风成交错层系中，通

图 4-33 在二叠纪黄色石英砂岩中发育的大型、高角度风成交错层理（位于两个箭头之间），其中两个层系的厚度分别为 2m 和 4m。二叠纪沙漠砂岩不整合覆盖在石炭纪煤系地层之上；砂岩的上覆地层为富含有机质的白云质泥岩和白云岩。露头的高度为 12m（摄于英格兰东北部）

常发育有切过交错层的、主要的水平侵蚀面（即主要层理面），它们代表了风蚀作用发生的时期以及地下水位的变化。交错层本身通常显示由颗粒流形成的反粒序以及由牵引流形成的正粒序。这些粒度较粗的交错层可能会与粒度较细、厚度较小的悬浮沉积物（颗粒降落沉积物）互层。此外，还有一种风成层理被称为条纹状纹理，是由风成波痕的迁移形成的（图4-34）。风成砂岩序列通常仅由大型交错层组成，尽管在沙丘之间的平坦地区可能会出现水平层状的砂岩，并且可能会夹有河流成因的薄层砾岩和具有交错层理的砂岩。

图4-34 在更新世风成相生物碎屑粒状灰岩中，由风成波痕迁移形成的条纹状纹理。视域宽度为30cm（摄于澳大利亚西澳州）

如果对交错层理的风成成因有怀疑，就应该观察沉积物的成分和结构。风成砂岩通常为分选和磨圆都很好的中粒石英砂岩，石英颗粒可能会出现磨砂面（光泽暗淡），砂岩中通常缺失云母。风成砂岩可以是红色的。风成灰岩（被称为风成岩）是由砂粒级的生物碎屑组成的，通常沉积于富含碳酸盐的海岸。

4.3.3.12 侧向加积面（"∈"形交错层理）

在河道中充填的交错层状砂岩中，有时可以识别出与中小型交错层理垂直的、大型低角度交错层理（图4-35）。这种大型交错层理的层面倾角较小（5°～10°），并与河道砂岩的底面呈渐近线式接触。它是由河道的侧向迁移形成的，代表了点沙坝的连续增长和侧向加积。侧向加积面的高度一般在1m以上，侧向延伸的宽度为几米至10m以上。侧向加积面通常见于曲流河道砂岩中，但是也可以出现在三角洲支流河道和潮汐河道沉积物中。

图 4-35　河道中识别交错层理类型

在小河道中发育由侧向加积面形成的、向左方倾斜的大型交错层理（"ϵ"形交错层理）；小河道被另一个位于左侧的、更大的河道切割（河道的底面由白色虚线表示）。古水流的流向向着观察者，这是通过砂岩单元内部的小型交错层理以及河道本身的充填方向推断出来的。在两个水道之上覆盖着一个煤层（绿色虚线）；煤层之上是一个由小型三角洲朵体的沉积作用形成的、向上变粗的泥岩-砂岩单元。再往上为另一个煤层（绿色虚线），该煤层因黄钾铁矾（黄铁矿风化形成的硫酸铁）的存在而局部呈淡黄色。这些岩层属于中石炭世渊源三角洲相沉积岩。三角形指示向上变细，倒三角形指示向上变粗。峭壁的高度为8m（摄于英格兰东北部）。

4.3.3.13　小型三角洲/扇三角洲交错层理

在小型、简单的三角洲进入湖泊和潟湖的地方（这种三角洲通常被称为"吉尔伯特型"三角洲），可能发育规模很大的交错层理，它们是由三角洲前缘（三角洲斜坡）进积作用形成的。一个交错层单元的厚度（几米至几十米，甚至几百米），反映了三角洲进入水体的深度。对于一个高度很大的交错层层系，可用"斜坡构造"来描述。

前积层的倾角可达25°，通常是由砂岩组成的，向下逐渐变为发育良好的底积层中的粉砂岩与黏土岩（主要是从三角洲前缘的悬浮物质沉积而来的）。交错层顶部层系常发育良好，并且可能由透镜状砾岩、砂岩和细粒岩石组成。它通常沉积在三角洲顶部的河流中，并且可能受到波浪的改造。

小型三角洲中发育的交错层理，可以通过它们发育良好的顶积层（这与在沙丘和沙波中形成的交错层理不同）、底积层，以及单个层系的厚度很大来识别。

这些小型三角洲以楔形或者扇形的方式出现在湖泊边缘或者海洋边缘。

4.3.3.14 巨型交错层理和斜坡构造

在某些沿海或山区的高崖上，可以观察到巨型交错层理（图4-36）。如果它们的厚度大于50m，就可以称之为斜坡构造。它们通常发育在碳酸盐岩台地的边缘和生物礁附近，是由浅水沉积物、礁石碎片、生物碎屑和鲕粒等组成的。

图4-36 巨型交错层理

在白垩纪生物碎屑粒泥灰岩中，由缓倾斜的进积灰岩层（陆坡相）组成的巨型交错层理（斜坡构造）。灰岩是从碳酸盐岩台地退覆并下超在深水泥岩之上的。峭壁高度为50m（摄于西班牙比利牛斯山脉）

这些岩屑层的倾角为几度到30°左右，倾角大小主要取决于沉积物的粒度（粒度越细倾角越小），在岩层的内部或其底部可能会出现较大的块体。

应当观察构成斜坡构造的岩层的几何形态（面状的、"S"形的、倾交的）、厚度、沉积物的粒度和层内构造。此外，还应当注意岩层的厚度是否存在某种变化趋势（比如向上加厚、减薄，或出现周期性变化）。

4.3.3.15 逆行沙丘交错层理

这是一种罕见，但很重要的沉积构造，因为它指示了高流态下的高流速。在砂级沉积物中，逆行沙丘为低矮的沙丘，它们是通过沉积物在面向上游的底形斜坡上沉积而逆流迁移的。逆行沙丘可以在现代海滩、回流区和河流中观察到，可以通过驻波和碎波的逆流运动识别出来。通过逆行沙丘的迁移所形成的交错层理是向上游倾斜的。因此，为了确认逆行沙丘交错层理是面对水流的，还需要得到其他的流向证据（如层面槽模等）的支持。这类交错层理通常具有低倾角，并且比在低流速条件下形成的水下沙丘中的交错层理发育要差些。逆行沙丘交错层理出现在浊积岩、河流砂岩（但是非常罕见）以及在上涌波浪中沉积的火山碎屑岩中。

4.3.3.16 砾岩中的交错层理

砾岩中的交错层理通常出现在单个层系中，层系的高度为 $0.2 \sim 2m$。交错层通常为面状的和低角度的，出现在板状、楔状和透镜状端元中。这类交错层理通常出现在河流环境（辫状河与洪水）中沉积的砾岩中，是沙坝在高水位时向下游方向迁移形成的。

4.3.4 粒序层理

这类层理表现为从岩层的底部到顶部的粒度变化。最常见的是正粒序层理，从底部向上粒度由粗到细（图4-37）。粒度向上变小可以通过层内所有的颗粒表现出来，或者仅通过最粗的颗粒表现出来，基质的粒度没有变化。复合的或多粒序的层理是指在同一层内出现多个粒序单元。

反粒序比较少见，其粒度向上增大（图4-37）。它可以出现在整个岩层中，但更常见的是，它仅出现在岩层底部的数厘米内，往上变为正粒序。反粒序可能仅影响粗颗粒。砾岩中的粒序层理很容易观察和测量，砂岩中的粒序层理需要借助放大镜观察。

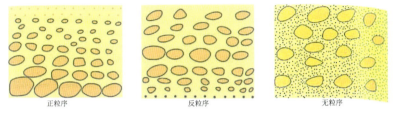

图 4-37 不同类型的粒序层理

正粒序层理通常是在水流减速时沉积的产物，水流减速时最重的粗颗粒首先沉积下来，然后才沉积较细的颗粒。正粒序层理通常出现在浊流和风暴流沉积物中。复合粒序层理通常是流体发生脉冲式沉积作用的结果。

反粒序可能是由于沉积期间水流强度的增大引起的，但更普遍的是由于颗粒弥散和浮力效应引起的。反粒序通常是由高浓度的沉积物与水的混合体沉积形成的。在海滩上由水流的来回冲刷形成的纹层通常具有反粒序，由崩落作用或颗粒流形成的交错层也通常具有反粒序。反粒序层理一般出现在重力流（如颗粒流和岩屑流）沉积物的最底部。

4.3.5 块状岩层

块状岩层没有明显的内部构造。在野外采集手标本，并将它们在实验室切片、抛光或侵蚀，有可能显示其内部构造（纹理、生物扰动构造等）实际上是存在的。其他可以将岩石的内部构造展现出来的技术如下。

给岩石表面染色，比如用亚甲蓝可以突出有机物；用铁氰化钾＋茜红素 S 混合染色剂可以分辨出白云石/方解石，以及富铁/贫铁的碳酸盐矿物。将轻油（稀释的汽油）涂在岩石表面。如果可能的话，将标本切割成 0.5cm 厚的薄板，在当地医院利用 X 射线放射照相法观察岩石的内部构造。

如果岩层确实没有内部构造，那么就应该判断为什么会这样？有两种可能性：沉积的时候就没有任何构造，或者沉积构造被后来的生物扰动、重结晶、白云石化和脱水作用等消除掉了。当原生构造已经被破坏时，通过仔细观察或染色、

图4-38 在早石炭世辫状河相砂岩中，河道内的砂岩具有块状层理。河道向下切入河流相砂岩，其中发育顶部倒转的面状交错层。河道的深度为2m（摄于英格兰东北部）

切片、抛光等手段，可能会找到有关的证据；纹层有可能被局部保留下来，而主体部分则经过搅拌而均一化了。大多数真正的块状岩层是通过倾倒式快速沉积形成的，以至于没有充足的时间发育底形。块状层理是某些浊流和颗粒流砂岩，以及岩屑流沉积物的特征之一，也可以出现在河流砂岩中（图4-38）。

4.3.6 收缩裂缝（泥裂）和多边形构造

收缩裂缝出现在很多细粒沉积岩（尤其是泥岩和泥灰岩）中，大多数是在暴露环境下，由干燥作用引起的沉积层或纹层的收缩和开裂形成的。许多干缩裂缝出现在岩层的顶面，表现为多边形的图案（图4-39），尽管它们也可能出现在岩层的底面。多边形的宽度变化很大，从几毫米到几米。由干裂作用产生的沉积碎屑可以导致层内竹叶状砾岩的形成。

沉积物在水下也可以开裂。脱水收缩裂缝是由沉积物的脱水作用形成的，通常是由盐度变化或渗透效应引起的。脱水收缩裂缝以不完整的多边形图案为特征。裂缝通常具有3个裂口或呈纺锤状（图4-39和图4-40），有可能被误认为是遗迹化石或蒸发

·沉积岩篇·

盐假晶。

　　干燥和脱水作用形成的裂缝通常被比较粗的沉积物所充填，在垂向剖面上呈楔形，它们由于后期的压实作用可能会发生变形和褶皱作用。干燥裂缝表明沉积物曾出露于地表，因而它通常出现在海岸、湖岸和河流泛滥平原沉积物中。脱水收缩裂缝通常出现在浅水、潮下的湖泊沉积物中。

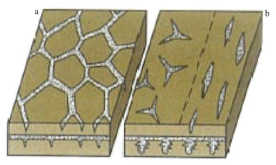

图 4-39　收缩裂缝

a. 由干燥作用形成，通常为完整的多边形，边部平直或不太规则；b. 通过脱水收缩作用形成，通常为不完整的多边形，多为鸟足状或纺锤状。在 a 中，裂缝很少受到后期的压实作用，因而在剖面上表现为"V"形；在 b 中裂缝充填物由于压实作用而形成肠状褶皱

图 4-40　在前寒武纪陆棚相泥质灰岩中，由脱水收缩作用形成的裂缝（摄于美国蒙大拿州）

与脱水收缩裂缝有关的是臼齿状构造，这是一种被细粒方解石充填的压实裂缝，出现在泥灰岩和白云岩中。它们在前寒武纪地层中很常见，但是它们的成因存在着争议。

多边形裂缝可能通过早期的胶结作用和表壳的膨胀作用，在碳酸盐沉积物中发育（如圆锥形构造）。

4.3.7 雨痕

雨痕是具有圆形边缘的小洼坑，是由雨滴落在细粒沉积物的柔软表面上形成的冲击坑。在某些情况下雨痕是不对称的，可以通过它们来辨别风向。雨痕通常出现在沙漠盐湖和湖岸沉积物中。

4.4 灰岩（包括白云岩）中的沉积构造

本节所描述的沉积构造通常见于灰岩（包括白云岩）中，而不是硅质碎屑沉积岩中。

4.4.1 孔洞构造

很多灰岩含有孔洞构造（现在依然为孔洞，或者已被沉积物和/或碳酸盐胶结物充填），在很多情况下，它们是灰岩沉积之后不久形成的。孔洞构造包括示顶构造、窗孔（包括鸟眼）构造、层状孔隙构造、席状裂隙构造、水成岩墙构造、岩溶孔洞构造、壶穴构造和晶洞构造等。

4.4.1.1 示顶构造

这个术语适用于任何孔洞，但大多数示顶构造出现在（但不限于）灰岩中，通常由内部沉积物和胶结物（一般为亮晶方解石）充填。孔洞的充填物是可以表明层位向上方向的指示物（白色的亮晶出现在顶部）。内部沉积物的表面相当于一个"气泡水准仪"，显示了沉积时水平面的位置。示顶构造通常出现在一个薄层硬壳（伞状构造）的下面、骨骼颗粒的内部，以及同沉积的孔洞中（图4-41和图4-42）。

图 4-41 在泥盆纪微生物黏结灰岩中发育的示顶构造

孔洞被数层内部沉积物充填,底部的沉积物呈粉红色;纤维状方解石呈白色,孔洞中部的方解石亮晶呈棕色;表明地层自下而上变新。孔洞高度为 2cm(摄于澳大利亚西澳州的 Windjana 峡谷)

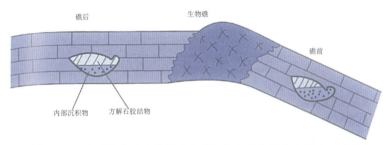

图 4-42 示顶构造的示意图(礁后相灰岩沉积于水平面上,礁前相中灰岩沉积于斜坡上)

仔细测量示顶构造可以显示一系列灰岩的原始沉积倾角。这种情况通常出现在礁前灰岩以及泥丘和斑礁的翼部层位。

4.4.1.2 窗孔(包括鸟眼)

窗孔(包括鸟眼)属于孔洞构造,通常被亮晶充填,出现在微晶灰岩,尤其是球粒状灰岩和白云岩中。有 3 种常见的窗孔:等轴状到不规则的窗孔(鸟眼)、纹层状窗孔和管状窗孔。

鸟眼通常呈等轴状,宽度为几毫米,是在潮坪碳酸岩沉积物中，通过气体圈闭和干燥作用形成的（图 4-43）。

纹层状窗孔为长条状的孔洞构造，实际上是与层理平行的席状裂缝。它们通常出现在微生物纹层之间，是由干燥作用和微生物纹层分裂形成的。它们的高度一般为几毫米，长度一般为几厘米。

管状窗孔的方向一般垂直于层理，宽度为几毫米，长度为几厘米，可能会向下分叉。这种构造多为生物孔穴或植物根系。有些管状窗孔可能是被沉积物而不是胶结物（亮晶）充填的。

拱顶石状孔洞在形态（等轴状）和大小（宽度为几毫米）上与不规则的窗孔（鸟眼）相似，但是出现在更粗壮的岩石（生物碎屑灰岩和鲕状灰岩）中。它们通常出现在海滩沉积物中，是将气体圈闭在砂粒中形成的。

图 4-43　在泥盆纪潮坪相球粒状灰岩中发育的鸟眼（窗孔）构造，被亮晶（灰色方解石晶体）充填，此外还有缝合面构造。视域宽度为 4cm（摄于澳大利亚西澳州的 Geikie 峡谷）

4.4.1.3　层状孔隙构造

层状孔隙构造是一种特殊的孔洞构造，其特征是内部沉积物具有平滑的底面和不规则的顶面，充填的胶结物为等厚的、灰色的、纤维状方解石，白色的、晶簇状亮晶方解石（图 4-44）。层状孔隙构造通常出现在古生代泥灰岩和生物微晶灰岩中，但是其成因尚不清楚。可能的成因解释包括沉积物的脱水、原地的海底胶结、沉积物的冲刷和海绵类的溶解。

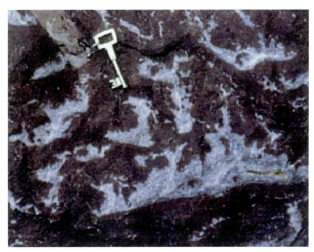

图 4-44　在泥盆纪微生物黏结灰岩（泥丘）中发育的层状孔隙构造
（内部沉积物具有平缓的底面和不规则的顶面，方解石充填物呈纤维状和晶簇状）。视域宽度为 15cm（摄于比利时）

4.4.1.4　席状裂隙和水成岩墙

这些孔洞构造既可以平行于层理，也可以切割层理。席状裂隙和水成岩墙的规模变化很大（尤其是水成岩墙，可以向下贯穿好几米）。它们通常是通过已经成岩或部分成岩的沉积物的破裂，以及孔洞的张开形成的。它们既可以被与寄主沉积物的年龄和岩性相似的沉积物充填，也可以被岩性差别较大的、年轻得多的物质充填。席状裂隙和水成岩墙可以通过多种方式形成。与沉积作用准同期的构造运动、早期的压实作用、轻微的侧向下滑运动都可以导致灰岩的破裂，并形成裂隙。

4.4.1.5　岩溶孔洞和岩溶角砾岩

岩溶孔洞和岩溶角砾岩与水成岩墙有几分相似，但规模更大。当灰岩被抬升或海平面显著下降时，灰岩与大气降水相接触，就会形成岩溶孔洞和岩溶角砾。灰岩的溶解（岩溶作用）可以导致溶洞系统的形成，包括狭窄的、直立/近直立的壶穴和大型的洞穴。这些孔洞通常会切割层理，但是局部可能会顺着层理发育；孔洞壁是平滑的或波状起伏的，而不是面状的。流石（纤维状方解石层）可能会覆盖在这些岩溶孔洞的壁上，洞穴堆积物（钟乳石/石笋）也可能会出现。范围广阔的洞穴系统在地下水位附近发育，并且位于毛细水带之上。

在大多数情况下，古岩溶洞穴是后来才被沉积物充填的。充填物包括地下河和地表水渗透沉积的、非海相的红色和绿色泥灰岩、砂岩和砾岩（其中可能含有脊椎动物化石），以及后来海侵时冲刷进来的海相沉积物。

与古岩溶相伴生的还有各种有特色的、出现在古岩溶面之上的角砾岩。它们是由灰岩破裂和孔洞塌陷形成的，因此是由棱角状灰岩碎屑组成。这种类型的角砾岩包括裂纹角砾岩（碎屑很少位移，相互之间可以拼合起来）、塌陷角砾岩（碎屑支撑的角砾岩，碎屑发生了位移），以及角砾岩（再沉积的、碎屑支撑的角砾岩，碎屑经过了地下河流的搬运）。

4.4.2 古岩溶面

古岩溶面是通过地表暴露和灰岩表面的大气溶解（岩溶）作用形成的，通常发育在湿润的气候条件下。古岩溶面通常具有不规则的地形（图4-45），壶穴和裂隙的深度可达数米，并且被土壤层覆盖。在古岩溶面上也许仍然保留有土壤（现在为古土壤—红色/灰色泥岩±植物根系），或者土壤已被后来的海侵作用清除掉了，因而海相地层直接覆盖在古岩溶面上。火山灰和来自寄主岩石（灰岩）的角砾岩也可能出现在古岩溶面上。

应当仔细观察灰岩层的顶面，寻找岩溶作用的证据。显示海水向上变浅的灰岩旋回通常被古岩溶面覆盖，表明灰岩曾经暴露于地表。然而，灰岩的层面经常会受到压溶作用的影响，形成截然的、波状起伏的、不规则的、坑洼状的表面和缝合面，类似于古岩溶面。

图 4-45　早石炭世陆棚相生物碎屑粒泥灰岩中发育的古岩溶面，现在为河床。注意不规则的、壶穴状的表面，被水平层状的灰岩覆盖（摄于英格兰约克郡谷地）

纹层状表壳与某些古岩溶面有关，通常出现在灰岩层的顶部，有时会被岩溶面切割。它们通常由浅棕色、灰色或发红的微晶灰岩组成，纹理不太明显，其中可能会出现小的管状体（为植物根系所在的部位）。纹层状表壳可能是通过成土作用形成的，也可能是钙化的植物根系层，或者是由无机物/微生物沉淀形成的。此外，可能还有成土作用的其他指示物：钙质结核、黑色砾石、豆石和根结核。

古岩溶面的重要性在于它们指示了灰岩曾经暴露于地表。它们的发育程度取决于气候以及暴露持续的时间。

4.4.3　硬底

硬底构造出现在灰岩中，是由同沉积的胶结作用使得沉积物在海底发生部分岩化或全部岩化形成的。硬底的顶面通常提供了最好的海底胶结证据。硬底面上通常具有由固着底栖生物（如牡蛎、龙介虫、海百合等）形成的包壳，以及由钻穴生物（如环节动物、食石的双壳类和海绵类等)形成的孔穴(图4-46和图4-47)。硬底面之下可能发育有水平的孔洞,是由水流在胶结的海底下面冲刷形成的,孔洞中可能会出现化石和胶结物。

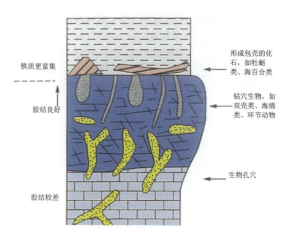

图 4-46　硬底的特征,显示沉积间断和海底胶结作用

图 4-47　由侏罗纪鲕状灰岩形成的硬底表面,显示形成硬底包壳的牡蛎和生物孔穴(圆形的洞)。大拇指为比例尺(摄于英格兰西部)

许多硬底的表面本身是面状的。由于硬底的表面受到了砂粒来回运动引起的磨蚀作用，因此沉积物中的生物孔穴和化石可能会被削去顶部。在深水灰岩和白垩系中发育的硬底具有不规则的表面，在受到一定程度的海底溶蚀作用的地方，会出现起伏不平的形态。硬底通常具有结核状的外表，这可能与在沉积物成岩之前形成的生物孔穴和生物扰动作用有关。硬底可能会被铁质矿物和/或磷酸盐浸染，在硬底的表面可能会出现由氧化铁或磷酸盐组成的表壳。海绿石颗粒也可能会出现在硬底的表面。硬底通常可以延伸数十米甚至数百米。

虽然硬底不是很常见，但是它们可以提供有关沉积环境和成岩作用的重要信息。它们一般是在沉积作用减弱或可以忽略不计的时候形成的，可能与海平面相对上升的时期相吻合。

4.4.4 圆锥形构造

当碳酸盐沉积物发生同沉积的胶结作用时，被胶结的表层可能会发生膨胀，并开裂成多边形，形成内碎屑。被胶结的外壳也可能会受到挤压而向上弯曲，形成圆锥形构造（假背斜），甚至形成逆冲构造。在被胶结的表层下面可能会发育孔洞，孔洞可能会被沉积物充填并进一步胶结。圆锥形构造可以在浅水的潮下沉积物中与硬底同时发育，但在潮坪碳酸盐中更为常见。在后一种情况下，圆锥形构造通常与微生物纹层、干缩裂缝以及豆石和滴石胶结物相伴生。因此，大多数圆锥形构造表明沉积物经历了地表暴露和海相成岩作用，长期的暴露可以形成复杂的、大型圆锥形构造。

4.4.5 微生物岩（微生物纹层岩、叠层石和凝块叠层石）以及石灰华

这些生物成因的构造具有多种多样的生长形式。它们是通过碳酸盐颗粒被表层的微生物垫圈闭和黏结形成的，并且主要是由

蓝藻细菌、其他微生物以及生物化学沉淀的碳酸盐组成。微生物岩的形态有两种：纹层状的（一般称为叠层石），以及非纹层状或大致呈纹层状的（称为凝块叠层石）。它们在前寒武纪碳酸盐岩中很常见，但是也出现在许多显生宙灰岩（尤其是潮缘环境沉积的灰岩）中。

叠层石的形态呈面状（微生物纹层岩）、穹隆状（像卷心菜）和柱状（图4-48）。其中纹层的厚度一般为1mm到数毫米不等。叠层石是由泥晶、球状颗粒和细粒骨骼碎屑组成的。

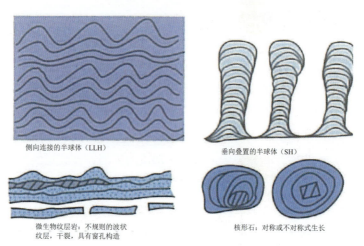

侧向连接的半球体（LLH）　　　　垂向叠置的半球体（SH）

微生物纹层岩：不规则的波状纹层，干裂，具有窗孔构造　　　核形石：对称或不对称式生长

图4-48　4种常见的微生物构造（穹隆状、柱状、面状的叠层石，以及核形石）

对于面状叠层石（即微生物纹层岩，图4-49）来说，其纹层的微生物成因是由小型波纹、波状起伏的形态以及不规则处的局部增厚表现出来的。纹层通常由于干裂作用而被破坏，它们可能显示再生长的迹象，并在微生物垫的碎屑上形成包胶。圆锥形构造也可能出现，内碎屑可以通过暴露和干裂作用形成。在微生物纹层岩中，长条状的孔洞（纹层状窗孔）也很常见，并且可能会出现薄层粒状灰岩（可能为风暴成因）。微生物纹层岩通常出

现在潮坪灰岩和白云岩中,并与窗孔状泥灰岩、蒸发岩及其假象岩石相伴生。它们也可以形成比较大型的生物丘构造和生物凸起,宽度可达数米(图 4-50)。

图 4-49　晚二叠世潮坪白云岩中的微生物纹层岩,具有小型的穹隆状构造。视域宽度为 30cm(摄于英格兰东北部)

图 4-50　晚二叠世陆棚白云岩中的微生物丘,宽度为 3m(摄于英格兰东北部)

穹隆状叠层石一般具有从一个穹隆到另一个穹隆连续分布的纹层,穹隆的直径可达数十厘米。柱状叠层石属于离散的构造,通常形成于高能环境,因而内碎屑和颗粒通常会出现在柱状叠层石之间。图 4-51 展示了柱状叠层石的横截面。如果这些构造的纹理不清楚,而是具有凝块状、球粒状,甚至豆状结构,那么凝块叠层石（thrombolite）这个术语可能更适合它们。微生物岩（microbialites）的纹层状或非纹层状特性反映了原始微生物垫的形态（丝状或球粒状）和沉积环境。小型孔洞（窗孔）在穹隆状和柱状微生物岩中较为常见。

前文已给出了一个在野外描述叠层石比较实用的方法。作为对环境变化的响应，叠层石的形态通常是向上发生变化的。大型叠层石构造可能是由许多低级别的穹隆和柱体组成的。上述方法为描述这些变化提供了一个方便、简单的途径。叠层石可以形成薄层，也可以构成复杂的礁型构造。在前寒武纪岩石中，叠层石的形态和微观构造是多种多样的，因而像遗迹化石一样，被赋予了许多属和种的名称。

图4-51　中元古代陆棚微生物白云岩中出现的柱状叠层石的横截面，单个叠层石的宽度为10cm（摄于印度东部山脉）

似核形石和核形石为球形和似球形的、互不相连的微生物构造，通常发育同心纹理。当球体被固定下来时，在其顶部可以形成不对称的和不连续的纹理。这些微生物形成的构造有可能被误认为是成土作用形成的豆石。外表看起来像核形石的还有红藻石，是由钙质藻类（大多数为红藻和珊瑚藻）形成的藻球。

石灰华也是一种微生物岩，但它是在常温的淡水中形成的。

一般出现在泉水和地下水的渗水眼附近，也可以在河流中沉积（形成鳞片状的堤坝），甚至可以形成于有淡水冒出的湖底。石灰华是多孔的方解石沉积物，是通过生物化学作用沉淀的，经常含有钙化的植物和叶子。与石灰华相关的是钙华，后者是在温水和热水泉中形成的方解石沉积物，与微生物－真菌作用有关。硅华类似于泉华，但它是由硅酸盐物质组成的，并且通常与火山活动有关。

4.4.6　砂岩中由微生物引起的沉积构造

由微生物引起的沉积构造出现在硅质碎屑沉积物中，是由黏结的微生物垫形成的；微生物垫曾经覆盖在沉积物的表面，并对它产生生物固结作用。微生物垫可以阻挡、圈闭并黏结松散的沙粒，但是与微生物岩不同的是，它们不会引起任何碳酸盐的沉淀。由微生物引起的沉积构造包括皱痕、倒转纹层和倒转褶皱（它们是微生物垫及其所包裹的砂质层发生膨胀的结果），以及厘米级的穹隆和凸起（它们是由圈闭在微生物垫下面的气体上拱引起的）。这些构造多出现在前寒武纪砂岩中，因为那时没有食草生物和钻穴生物破坏微生物垫。

4.5　同生变形构造

许多构造是在沉积作用之后形成的，其中有些是通过沉积物的整体运动（如滑陷、滑动）形成的，还有一些是由于脱水和负荷作用而引起沉积物的内部调整形成的。沉积后的物理和化学过程促成了缝合面、溶蚀缝和结核的产生。

4.5.1　滑陷构造、滑坡和巨型角砾岩

当沉积物沉积在斜坡上或其附近时，沉积体可能会在重力作用下向坡下移动。如果在移动的沉积体内部很少发生变形（灰岩通常属于这种情况），移动的沉积体就被称为滑坡。沉积体也可能会发生角砾岩化作用，形成大小不等的岩块。

巨型角砾岩是一种由大岩块组成的岩石。某些巨型角砾岩是由沉积过程中的断层活动以及断层崖的剥蚀作用形成的，还有一些巨型角砾岩（特别是由灰岩岩块组成的、出现在坡脚的巨型角砾岩），是在海平面相对下降时，由于碳酸盐岩台地的边缘发生垮塌形成的。因此要注意查看巨型角砾岩中的岩块是否有证据表明沉积物曾经暴露于地表（如查看溶蚀孔洞中是否充填有红土），寻找岩块是否在深水环境中被固着底栖生物（如牡蛎、龙介虫等）、氧化铁和磷灰岩钻孔或结壳（尤其是在岩块的上表面上）的证据。此外，还要查看岩块是否为外来的而非本地的。

当沉积体在向坡下滑动的过程中发生了内部变形时，即形成了滑塌体。滑塌体内部通常会发生褶皱，形成不同规模的平卧褶皱、不对称的背斜和向斜以及冲断褶皱（图 4-52 和图 4-53）。褶皱轴平行于斜坡的走向，褶皱倒转的方向指下坡方向。因此，通过测量滑塌褶皱的褶皱轴和轴面的产状，可以确定滑动的方向和古斜坡的倾向。滑塌体和滑坡的规模从数米到数千米不等，其中许多是由地震引起的。

图 4-52　第三纪深海泥灰岩中发育的滑塌褶皱
褶皱的不谐和性表明变形是同沉积的。悬崖高度为 10m（摄于希腊帕罗斯岛）

滑塌体或滑坡的存在,可以通过上下未扰动岩层的出现,以及切割层理的底部接触面(即滑动面)来推断(图4-53)。应当明确沉积体发生侧向运动的原因,因为脱水和其他作用也可以使岩层发生类似的卷曲或角砾岩化。

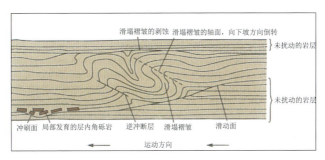

图4-53 滑塌层的主要特征(滑塌可以出现在数厘米到数千米的范围内)

4.5.2 变形层理

当层理受外力作用变形,但沉积物本身没有发生大规模侧向运动时,都属于变形层理的范畴。

图4-54 第三纪河流相沉积岩中出现的扰动层理和扭曲层理
视域面积为2m×1m(摄于澳大利亚西澳州的布鲁姆地区)

包卷层理通常出现在具有交错纹理的沉积物中,其中层理发生变形成为"包卷",或形成小型的"背斜"和"向斜"。"包卷"的形态通常是不对称的，并向与古水流的下游方向倒转。被破坏的层理、扰动层理和扭曲层理等术语适用于发生了不规则变形（包括无定向的褶皱和扭曲）的层理。某些岩层可以发生整体的或局部的角砾岩化作用。倒转的交错层理出现在交错层的最上部，其倒转方向指向古水流的下游方向。

多种因素可以形成变形层理。水流在沉积物表面产生的剪切作用和砂粒运动产生的摩擦拖曳作用，被认为是形成某些包卷层理和倒转层理的原因。沉积物的脱水过程及相关的流体化作用和液化作用通常与地震活动或断层的同沉积运动有关。

4.5.3 砂岩墙和火山状砂堆

砂岩墙和火山状砂堆是相对罕见但易于识别的构造。砂岩墙可以通过它们与层理的切割关系以及被砂质填充来识别。火山状砂堆是砂粒沿砂岩墙上升到沉积物的表面形成的，通常出现在层理面上，表现为中央凹陷的圆锥形。通常地震引发的脱水作用和水分向上逸出，是形成这些结构的主要原因。

4.5.4 碟状构造和碟－柱状构造

碟状构造是由向上凹的纹层组成的（图4-55），宽度一般为几厘米，它们可能被无构造的带（柱）分开。碟状构造和碟－柱状构造是横向和向上流动的水流通过沉积物时形成的。虽然它们并不局限于某种特殊的沉积环境、由特殊的沉积机制形成的砂岩中，但它们是重力流沉积物中常见的构造。它们通常出现

图4-55 晚石炭世三角洲相砂岩中的碟状构造
视域宽度为10cm（摄于英格兰东北部）

在深水斜坡、冲积扇和冲积裙沉积序列中，是快速沉积的产物。

4.5.5 负荷构造

负荷构造（load structures）是通过一个岩层差异性地沉入另一个岩层形成的。重荷模通常出现在覆盖于泥岩之上的砂岩层的底面（图4-56），表现为球形和圆形构造，一般没有定向性。在负荷作用下，泥岩可以向上注入到砂岩中，形成火焰状构造，砂岩则可能发生破裂，形成所谓的球-枕状构造。在较小的尺度上，单个的波痕也可以沉入到下伏泥岩中，成为下沉的波痕或砂球。

图4-56 挪威晚前寒武纪深海浊积杂砂岩中的重荷模，见于砂岩层的底面。视域宽度为1m

应当仔细观察砂岩和泥岩的接触面，通常会发现重力负荷作用的证据（图4-57）。

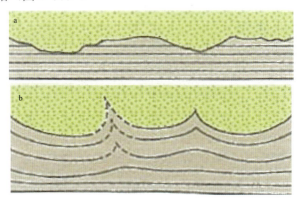

图4-57 砂岩和泥岩的接触面发生的重力负荷作用

a.位于砂岩底部的冲刷面，下伏泥岩中的纹层被接触面切割；b.砂岩下沉到泥岩中时形成的负荷面，泥岩向上注入到砂岩中形成火焰状结构，泥岩中的纹层发生了沉降和扭曲

4.5.6 结核

结核通常是在沉积作用之后形成的,大多数结核是局部的、团块状胶结作用的产物。结核可以大致分为成岩和成土两种类型。成岩结核是在埋藏(深或浅)过程中形成的;成土结核是在成土过程中形成的。

4.5.6.1 成岩结核

成岩结核(diagenetic nodules)的组成矿物为细粒的方解石、白云石、菱铁矿、黄铁矿、胶磷矿(磷酸钙)、石英(燧石或黑燧石),以及石膏-硬石膏。由方解石、石膏-硬石膏、黄铁矿或菱铁矿组成的结核,直径为几毫米到几十厘米,通常出现在泥岩中。燧石结核通常出现在灰岩中。在某些情况下,方解石和白云石结核的规模很大(直径可达几米),常见于砂岩中,后者有时被称为"瘤状铁石"(图4-58)。

图4-58 瘤状铁石

石炭纪三角洲相、具有交错层理的细粒砂岩中,出现大型结核("瘤状铁石";直径为2m)。结核中的砂岩是被富铁的白云石胶结的。注意结核中的节理比砂岩中的节理更为密集(摄于英格兰东北部)

结核可以随机分布或者集中于某个特殊的层位。结核的形态多样,包括球状、扁平状、长条状和极不规则状。某些结核是围绕化石或生物孔穴形成的，但是大多数结核的形成与沉积物中任何明显的、先存的不均一性都没有关系。某些结核具有放射状和同心状裂纹，这些裂纹是在结核形成后不久通过结核的收缩（脱水）作用形成的，并被方解石、菱铁矿或沉积物填充（图4-59）。

晶洞是结核的一种类型，它们是中空的，晶体通常就向着晶洞的中心生长。某些晶洞是通过蒸发盐（特别是硬石膏）结核的溶解作用形成的。晶洞常由石英（常见）、方解石或白云石（相对少见）组成，其外壳具有"菜花"似的外观。

图4-59 晚石炭世浅海陆棚相沉积岩中出现的菱铁矿结核

其中的龟裂纹被灰色沉积物和白色胶结物充填。视域宽度为30cm（摄于英格兰东北部）

更为独特的一种结核类型是叠锥构造，其中的纤维状方解石晶体（长度为数厘米到数十厘米以上）排列成扇形和圆锥形，并且垂直于层理方向生长，形成于富含有机质泥岩的埋藏过程中。方解石的奇异晶型是在压实作用中的高孔隙流体压力条件下形成的。

结核可以在成岩和埋藏过程中形成，但是泥质沉积物中的大多数结核是在成岩作用早期、主要压实作用发生之前形成的。钙质结核通常出现在海相泥岩中，但是也可以作为钙结砾岩出现在土壤中，还可以出现在泛滥平原和湖相泥岩中。黄铁矿结核通常出现在富含有机质的海相泥质沉积物中（因为海水可以提供大量的硫酸盐，硫酸盐通过细菌作用还原成硫化物）。菱铁矿结核在富含有机物质的非海相沉积物中更为常见。

由于泥质沉积物中的结核通常形成于成岩作用的早期，因而寄主沉积物中的纹理会围绕结核发生偏斜（图4-60），并且结核可能会保持原始纹层的厚度，压实量可以根据这些结核推算出来（图4-60）。在成岩作用早期形成的结核中，所包含的化石和生物孔穴会在压实作用中得到保护，因而没有破碎和压扁，而附近泥岩中的化石则被压碎。

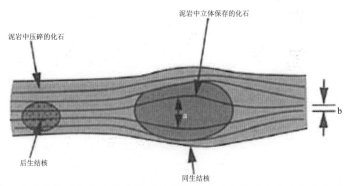

图 4-60 压实作用之前（成岩作用的早期）和压实作用之后（成岩作用的后期）在泥岩中形成的结核

a. 压实作用前厚度，b. 压实作用后厚度

成岩作用早期形成的结核是在沉积物与水的界面附近形成的，因而可能会受到风暴作用的影响而暴露在海底进行改造，并且可能会被生物钻孔或形成包壳（这时结核起了局部硬底的作用）。灰岩中的燧石结核（包括白垩系中的黑燧石结核）和砂岩中的碳酸盐结核主要也是在成岩作用的早期形成的。成岩作用晚期形成的结核在泥质沉积物中比较罕见，寄主沉积物中的纹理通

过这种结核时不会发生偏斜（图 4-60）。

结核的描述方法见表 4 -4。

表4-4 结核的观察描述要点

序号	观察描述要点
1	确定结核的物质成分和寄主沉积物的性质
2	测量结核的大小和间距
3	描述结核的形态和结构；它们是在生物孔穴中形成的吗？
4	寻找结核的核心（例如化石）
5	试图确定结核是什么时候形成的：成岩作用早期形成的结核含有完整的化石，局部受到改造，由于形成在压实作用之前，因而寄主沉积物中的纹理会发生偏斜；成岩作用晚期形成的结核含有压碎的化石，由于形成在压实作用之后，因而不影响寄主沉积物的纹理
6	确定是否为成土作用形成的钙结砾岩

4.5.6.2 钙结砾岩（钙结层）

钙结砾岩（钙结层），由成土作用形成的结核和灰岩，常形成于蒸发量大于降雨量的半干旱环境中，在中国西部黄土高原地区新近纪红黏土中广泛发育。

图 4-61 泥盆纪河漫滩相钙结砾岩（钙质古土壤），其中的长条状结核是由细粒方解石组成的（摄于英格兰西部）

在野外中，钙结砾岩（calcrete）通常呈浅色，其中的结核是由细粒方解石（偶然为白云石）组成的。结核一般呈长条状向下延伸，直径为数厘米或更长（图 4-61）。它们可以是随机散布的，也可以是紧密堆积的,还可以在成熟的钙结砾岩中形成致密的灰岩层(图4-62)。有些结核是围绕植物的根系生长的,被称为根状结核或根石,它们通常向下减小并产生分支(图4-63)。

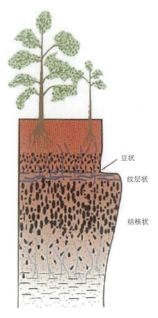

图 4-62　成熟的钙结砾岩剖面,见有密集的长条状钙质结核(有些结核是围绕树根生长的)和纹层状钙结砾岩

图 4-63　三叠纪河漫滩相泥岩中的根状结核(钙化的植物根系)
视域宽度为3m(摄于英格兰西南部的德文郡)

覆盖在钙结砾岩之上的土壤层被剥蚀以后，钙结砾岩便出露于地表，在其顶部可能会形成一个钙质硬壳。硬壳是岩化的土壤表层的统称。除了钙质硬壳（钙结砾岩）以外，还有铁质硬壳（铁结砾岩）和硅质硬壳（硅结砾岩）。

由成土作用形成的灰岩的另一种形式为纹层状的钙结砾岩或纹层状的硬壳。纹层是由晶体粒度和颜色上的细微变化形成的，一般厚度变化大。某些纹层状的钙结砾岩是钙化的根土层，因而含有细枝状钙结核。当土壤层被完全胶结（堵塞）时，纹层状钙结砾岩（或硬壳）就会在结核状钙结砾岩之上发育，或者是围绕树木的根部发育。在许多钙结砾岩中存在球粒和豆石，这些球状颗粒（直径为数厘米）通常具有不规则的纹层，可能是由微生物作用形成的。

如果钙结砾岩是在粗粒沉积物中发育的，其中的砾石和颗粒可能会被分裂开来。在古老的、更为成熟的钙结砾岩中，裂隙和方解石脉可能会切割致密的、已经岩化的钙结砾岩，使之发生整体的角砾岩化，并形成内碎屑和圆锥状构造。在这一过程中，还可能会产生孔洞，并被沉积物、球粒和胶结物填充。

在某些钙结砾岩中，有时会出现黑色砾石，它们可能会经过再沉积进入底部的滞留沉积物中。这些黑色砾石可能来自自然火灾中被烧焦的植物，并使钙结砾岩变成黑色。

钙结砾岩是很有用的古气候指示物，它们还反映了长时期（数百年到数千年，甚至更久）的沉积间断和成土作用。钙结砾岩还可以在不整合面上形成。

4.5.7 压溶作用和压实作用

由于覆盖层产生的压力和构造应力的作用，压溶作用会沿着沉积岩中某些特定的面发生，形成各种光滑的或不规则的压溶面（图4-64）。压溶效应通常可以在灰岩层之间的接触面上或灰岩内部看到。压溶面可能在埋藏作用的早期就开始发育了,但是只有当埋藏深度达到数百米之后才能发育良好。压溶作用可以分为两种主要类型:缝合式压溶和非缝合式压溶。压溶作用还可以形成假层理(图4-65)。

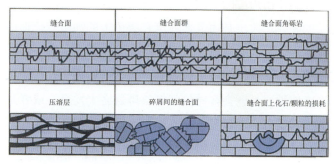

图4-64 压溶作用的不同产物

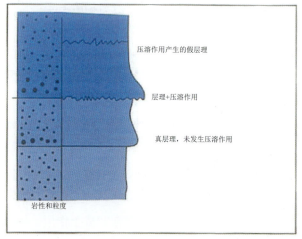

图4-65 层理、假层理和压溶面

缝合式压溶面是大家所熟知的缝合面,它们一般平行于层理,但也可以与层理面高角度相交。不溶的物质(主要是黏土)可能会沿着缝合面富集成层(图4-66)。缝合面可以单独出现,也可以成群或成带地出现,并且可以分为高振幅的(数厘米)和低振幅的两种形式。

图 4-66　白垩纪远洋泥灰岩中的缝合面
视域宽度为 20cm（摄于英格兰东部）

　　起伏不大的、非缝合式的压溶层也很普遍，主要出现在泥质灰岩中。它们呈波状、分支状和网格状，单独或成群出现（图 4-64），并且可以在侧向上逐渐变为附近泥岩中的劈理面。与非缝合式的压溶层相伴生的还有厘米级的结核状、团块状和狭缩-膨胀构造。

　　高压条件下的压溶作用会使灰岩发生角砾岩化，形成缝合面角砾岩，其中的角砾可以相互拼接起来。这种角砾岩又被称为透镜状灰岩。压溶作用可以通过缝合面上化石的部分损耗表现出来。在某些情况下，缝合面可以出现在灰岩中化石或砾石之间的接触面上。

　　缝合面也可以出现在砂岩中，但是不太常见。压溶作用还可以出现在砾岩中的砾石之间，在砾石的表面上形成凹坑。

　　泥质沉积物的压实作用在沉积之后不久就开始了。压实作用的主要效应是化石的压扁，以及沉积物厚度的减小（可能只有原来厚度的 1/10）。压实量可以根据泥岩中在成岩作用早期形成的结核估算出来。压实和压溶共同作用还可以使灰岩和泥岩之间的接触面变得更为明显。

4.5.8 岩脉、肉状夹石和不连续面（节理和破裂）

尽管很多岩脉纯粹是构造成因，并且由于热液流体的通过而发生矿化，但是岩脉也可以通过压实和埋藏成岩作用形成。最常见的沉积型岩脉是由纤维状石膏（纤维石）组成的岩脉，主要出现在泥岩中，是在蒸发岩地层抬升时，通过硬石膏的水合作用形成的。相互交切的方解石脉可以出现在成熟的钙结砾岩、岩溶灰岩、硬底，以及发育圆锥形构造和破裂的潮上带碳酸盐岩中。

平行于层理的席状方解石脉出现在某些富含有机质的泥岩中，一般是由直立的纤维状方解石晶体组成。这些席状方解石脉与叠锥构造有关，有的地方称之为"肉状夹石"。沉积岩中的大多数节理和破裂是由构造应力形成的，但是在某些情况下，它们与沉积和埋藏作用相关，如某些火山碎屑岩中的冷却节理、冰碛岩中与冰的负荷作用有关的节理、煤的内生裂隙，以及强硬岩层（如胶结良好的灰岩和燧石层）中与上覆岩层压力有关的破裂。地层中可能存在多组这样的不连续面，它们可能属于不同的期次，并且互相切割和错断。节理的间距与岩层的厚度、强度和脆性有关，密集的节理通常发育在脆性岩石中。有关节理和破裂应注意的特征如下文所述，与它们的间距有关的术语见表4-5。

测量破裂的产状：破裂可以指示区域应力场的方向；比较破裂与断层和褶皱的走向。

测量破裂的间距：密集的还是稀疏相间的（表4-5）？查看破裂的间距是否与地层的厚度相关？

观察破裂是否呈雁行式排列？

破裂是否产生岩石碎屑？碎屑是团块状的、板状的还是柱状的？

破裂是否被胶结物或沉积物充填？是否为张开式的？表面是光滑的还是粗糙的？是否存在擦痕？破裂附近的围岩是否因孔隙流体的通过而发生蚀变（如灰岩发生局部的白云岩化，或红色碎屑岩层出现退色现象）。

表 4-5　沉积物或沉积岩中不连续面（破裂和节理）的间距

术语	间距
非常稀疏的	>2m
稀疏相间的	600mm～2m
中等间距的	200～600mm
密集的	60～200mm
非常密集的	20～60mm
极端密集的	<20mm

4.6　生物成因的沉积结构

除了在 4.4.5 节中描述的微生物岩以外，沉积物中还存在许多由动植物活动形成的构造，包括被生物破坏以至于难以辨认的纹理和层理，以及离散的、保存完好的、具有特定名称的遗迹化石（痕迹化石）。沉积物中由生物活动产生的构造被称为遗迹组构。遗迹化石可以根据产生相关构造的动物活动来解释，但是很难甚至不可能用来推断动物本身的特性，因为不同的动物可能具有相似的生活方式。另外，同一种动物可以形成不同的构造，这取决于它的行为以及沉积物的特征（如粒度和含水量等）。

生物孔穴构造通常是由甲壳类、环节动物、双壳类、海胆类和海葵等动物形成的。岩层表面的爬行迹和足迹通常是由甲壳类、环节动物、三叶虫、腹足类和脊椎动物形成的。由植物的根系产生的构造与生物孔穴有些相像，但可能含有炭化的核部。

注意不要将遗迹化石与现代生动物形成的痕迹相混淆。例如多毛类和海绵类动物形成的孔穴，以及帽贝和海螺的爬行痕迹经常出现在潮间带的石头上，不要把它们误认为是遗迹化石。苔藓在灰岩上形成的小孔和退色现象看起来也很像古老的生物成因的构造。此外，某些沉积构造（如脱水收缩裂缝、工具模、成岩结核，以及浅变质板岩中的斑点和线理等）也可能与遗迹化石相混淆。

层理面上的某些生物成因的沉积构造在低角度光线的照射下看得最清楚。因此，可从不同的角度观察从露头上掉下来的石板的表面，这样可能把生物成因的沉积构造看得更清楚。

遗迹化石的观察和描述方法如下。

（1）爬行迹和足迹（位于层理的顶面或底面）：观察遗迹的样式是否规则，注意其形态是直线状的、弯曲的、盘绕的还是放射状的；观察遗迹本身，注意其形态是连续的脊状还是槽状；注意是否存在中部分隔或存在一些纹饰（如"人"字形花纹）；对于生物肢体留下的痕迹和足迹，应测量它们的尺寸和间距（步距）；寻找动物尾巴留下的印记。

（2）生物孔穴（一般出现在岩层内部，但是在层面上也可以看到）：描述孔穴的形态，简单的直管状、简单的弯曲状、不规则的管状、"U"形管状。观察孔穴相对于层理面的方位，水平的、近于垂直的、垂直的。对于分支状孔穴，应注意分支的样式是否规则，孔穴的直径是否有变化。观察孔穴的内壁，孔壁是由泥质还是球粒组成的？寻找划痕，孔穴附近沉积物中的纹理是否受到孔穴的影响而发生偏斜？察看孔穴的填充物，它们的粒度、骨骼碎屑的含量，以及铁质的含量[主要通过颜色（红/黄/褐）反映出来]是否与附近的沉积物不同？充填物是否为球粒状的？孔穴是被沉积物充填的吗？充填物是否发生了白云石化或硅化？结核是围绕孔穴生长的还是在孔穴内部生长的？找寻蹼状构造（即弯曲的纹层与直立的"U"形孔穴相伴生）。

4.6.1 生物扰动作用

生物扰动作用是指动植物的生命活动对沉积物的破坏作用（图 4-67），结果是形成分散的、不连续的生物孔穴构造（通常被不同颜色、成分和粒度的沉积物所填充），或使沉积物受到完全的破坏（表现为沉积物具有"被搅动过"的外貌，以及沉积构造的消失）。生物扰动可以通过混合作用使沉积物完全均一化，也可以形成结核，还可以使沉积物的颗粒发生分选。生物的钻孔作用可以形成一种角砾结构（假角砾岩）。此外，生物孔穴的充填物可能会优先发生白云石化或硅化作用。颜色不一的斑点状沉积物也可能是生物扰动的结果（孔穴斑点）。

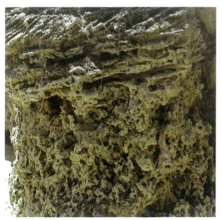

图 4-67 更新世外滨面粒状灰岩受到了强烈的生物扰动

视域宽度为 0.5m（摄于澳大利亚西澳州）

生物扰动指数是指沉积物的破坏程度或遗迹组构占整个沉积物的百分比（表 4-6 和图 4-68），这种指数可以标示在柱状剖面图上。

表 4-6 生物扰动指数

等级	被生物扰动的百分比/%	分级特征
1	1～5	生物扰动非常稀少，层理明显，少量离散的遗迹化石和/或逃逸构造
2	5～20	生物扰动很少，层理明显，遗迹化石的密度低
3	20～50	生物扰动中等，层理依然可见，离散的遗迹化石，重叠现象罕见

续表4-6

等级	被生物扰动的百分比/%	分级特征
4	50～80	生物扰动普遍，层理模糊，遗迹化石的密度高，重叠现象普遍
5	80～95	生物扰动强烈，层理被完全破坏，出现离散的晚期生物孔穴
6	95～100	完全的生物扰动，沉积物因重复的扰动而被改造

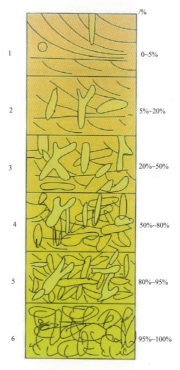

图 4-68　生物扰动的等级和遗迹组构的发育程度

4.6.2　遗迹化石

根据遗迹化石的形成方式，可以将它们划分为以下六组：①移动（爬行、行走和奔跑等）的踪迹和足迹；②觅食迹；③停息迹（出现在层理的顶面和底面）；④进食孔穴；⑤居住孔穴（主要出现在岩层内部）（表4-7，图4-69）；⑥生物钻孔（出现在硬底、已经胶结的沉积物、砾石或化石内部）。

表4-6中的生物扰动指数，按层理的明显程度、生物孔穴的丰度和重叠程度分级。被扰动的百分比只是一个参考，而不是绝对的划分。

表4-7 六组遗迹化石的主要特征

遗迹类型	主要特征
移动踪迹	形态简单，呈直线状或蜿蜒状，包括足迹
觅食迹	比较复杂的表面遗迹，为对称的或有序的样式，呈盘绕状、放射状或弯曲状，多由食碎屑的动物形成
停息迹	动物休息时留下的印痕，但不是化石压模
居住孔穴	简单的或复杂的生物孔穴系统，但并没有对沉积物进行系统的改造；孔穴的内壁是由黏土或球粒组成的；某些孔穴是由从悬浮物中摄食的动物形成的
进食孔穴	简单或复杂的生物孔穴系统；通常为组织良好、轮廓分明的分支状样式，表明沉积物受到了食碎屑动物的改造
生物钻孔	多为简单的管状或长瓶颈状，是生物在砾石、化石和硬底上打的孔

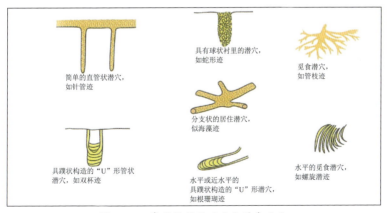

图4-69 常见的居住孔穴和进食孔穴

移动踪迹是动物在移动过程中形成的,与复杂的觅食迹和进食孔穴相比,相对比较简单,通常出现在层面上,呈直线状或蜿蜒状。移动踪迹可以由多种类型的动物在不同的环境中形成。常见的爬行迹是由甲壳类、三叶虫(如克鲁兹迹)和环节动物形成的。脊椎动物(如爬行动物,特别是恐龙、哺乳动物和两栖动物)的遗迹化石为足迹。足迹特征的测量方法见图4-70。

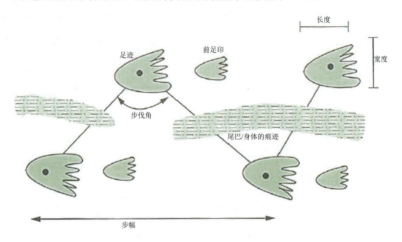

图4-70　足迹特征的测量(每一个足迹的宽度和长度,以及步幅和步伐角)

觅食迹出现在沉积物的表面,通常是由食沉积物的动物在沉积物表面系统捕食时形成的。这种生物成因的构造通常具有旋卷状、蛇曲状和放射状的样式。觅食迹通常出现在相对平静的深水沉积环境,是由软体动物和甲壳类形成的,如蠕虫迹、古网迹和类沙蚕迹。

停息迹是动物停留在沉积物的表面时留下的身体印痕。尽管这比较稀少,海星类和双壳类的停息迹可以在浅水沉积物中见到。

孔穴构造可以是非常简单的,也可能是比较复杂的,其特点见图4-71。居住孔穴(图4-69)是生物居住的孔穴,包括简单的直立管状孔穴(如针管迹,图4-72)和比较复杂的"U"形孔穴。后者包括垂直于层理的沙蚕潜穴和双杯迹，以及水平或近于水平的根珊瑚迹（图4-69）。在"U"形孔穴中，向上凹的纹层（被称为横蹼）是由于动物为响应沉积作用或侵蚀作用而上下活动形成的。漫游迹比较简单，是既不分支也无明显孔壁的孔穴，可能是甲壳类居住的孔穴（图4-73）。

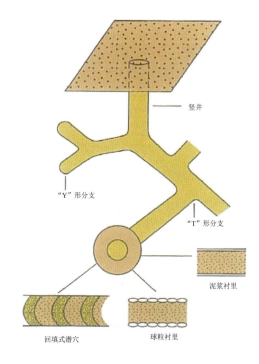

图4-71　生物孔穴的特征

当孔穴动物被快速埋藏时，某些动物可以向上移动，重新到达它们相对于沉积物与水的界面的位置；在此过程中留下了特征性的逃逸构造，使附近的纹层发生偏移，形成"人"字形构造。由海葵形成的锥形迹就属于这种构造类型。

其他生物孔穴（尤其是由甲壳类形成的孔穴）的形态比较简单或具有不规则的分支系统，其内壁是由球粒或黏土组成的（如蛇形迹和似海藻迹）。某些居住孔穴的内部具有弯曲的纹层（弯月形纹层），是由动物通过沉积物时的回填作用形成的（如纤滑石-肺鱼在河流沉积物中形成的孔穴）。

进食孔穴是发育在沉积物内部的遗迹化石，是由食沉积物的动物在进食过程中形成的。最常见的进食孔穴为简单的、无分支的、回填式的、水平或近水平的孔穴，直径为 5 ～ 20mm。某些进食孔穴是由一系列的砂球组成的，呈串珠状（图 4-74）。其他的进食孔穴具有规则的分支（如管枝迹），或其方向发生有规律的变化（如动藻迹，图 4-75；旋形穴，图 4-76）。

图 4-72　在二叠纪滨面相砂岩（具有交错层理）中，见有简单的、直立居住孔穴（针管迹）。视域宽度为 50cm（摄于澳大利亚西澳州的 Dongara 地区）

图 4-73　在石炭纪陆棚相生物碎屑泥粒灰岩中出现的简单生物孔穴（没有分支和明显孔壁的漫游迹，摄于英格兰东北部）

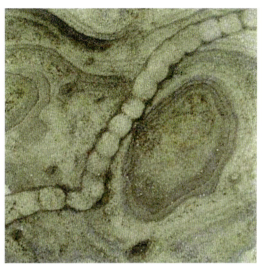

图 4-74　石炭纪外滨面相岩屑砂岩中的串珠状进食孔穴是动物在沉积物中打洞时摄入和在排泄砂粒（摄取其中的有机质）过程中形成的

视域宽度为 20cm（摄于英格兰东北部）

图 4-75　石炭纪陆棚相生物碎屑泥粒灰岩中的进食孔穴

视域宽度为 20cm（摄于英格兰东北部）

图 4-76　第三纪远洋泥灰岩中的深水相进食孔穴
视域宽度为 30cm（远摄于希腊的 Paxos 地区）

岩层内部的生物孔穴构造可以从上层面（即生物活动的沉积物表面）向下延伸。在某些岩层内部可能存在若干种不同的孔穴构造，它们分别出现在相对于原始海底的不同深度上，这种现象被称为遗迹化石的堆叠。应当注意生物孔穴之间的差异，例如大的和小的、孔壁是否明显、是简单的管状还是复杂的分支状、填充方式如何、是否存在孔穴相互切割的现象等。

生物钻孔（borings）是生物在固体岩石或化石中留下的孔洞，形态为板状到椭圆形/圆形，通常都被沉积物充填。在某些情况下，寄主岩石被风化剥蚀掉了，只留下生物钻孔孤零零地竖立在那里。由食石的双壳类形成的生物钻孔呈圆底长瓶颈状，其外壳本身可能依然存在。海绵的钻孔通常呈串珠状，并具有扇形的边界，而多毛类环节动物的钻孔形态则比较均一。

生物钻孔在硬底的表面很常见，这是海底在沉积过程中被胶结的重要证据。应当注意在灰岩内部寻找被生物钻穿的硬底包壳。浅海沉积物中的砾石、内碎屑和比较大的化石（如珊瑚、海胆类和牡蛎类的化石）通常会被生物钻孔。生物钻孔甚至可以穿透不整合面（图 4-77）。

·沉积岩篇·

图 4-77　长瓶颈状的生物钻孔

由中新世食石的双壳类在不整合面上向下钻孔进入到白垩纪白云岩中形成的，不整合面之上为生物碎屑泥粒灰岩。视域宽度为 10cm（摄于西班牙 Tarragona 地区）

4.6.3　遗迹化石在沉积学研究中的作用

生物成因的沉积构造可以为沉积环境的解释（如水的深度、盐度、水动力条件和充氧作用等）提供极其重要的信息。特别是在缺乏实体化石的情况下，遗迹化石更有价值。如果可以在一个沉积序列中识别出遗迹化石的不同组合，就可以划分遗迹化石相。目前已经识别出 4 个主要的海相遗迹化石相带，分别以典型的遗迹化石命名，即潮间带的针管迹、潮下带的克鲁兹迹、半深海的动藻迹和深海的类沙蚕迹。表 4-8 给出了遗迹化石组合、沉积环境以及与岩相的关系。

尽管特殊的遗迹化石通常出现在特定的遗迹化石相带内，但是类似的条件也可能存在于其他的沉积环境，因此相同的遗迹化石也可能会出现在那里。具有相似的生活习性的、不同的动物可以形成相同的遗迹化石。因此，那些通常出现在中低能、平静的和较深水的环境中的遗迹化石，也可能会出现在浅水的潟湖环境中。

遗迹化石可以指示沉积速率。生物扰动强烈、复杂的觅食迹和进食迹保存良好的层位和岩层，一般是缓慢沉积的产物。具有生物钻孔的表面（硬底面）一般为沉积间断（或缺失）面，沉积作用的中断有利于海底胶结作用的发生。强烈的生物扰动作用还可以出现在洪水面之下（如砂岩与上覆深水泥岩之间的截然界面之下）。具有蹼状构造和逃逸构造的"U"形孔穴的出现，反映了快速沉积。

表 4-8　遗迹化石组合（遗迹化石相）、沉积环境、岩相、典型的遗迹化石类型及其他遗迹化石举例

项目	针管迹组合	克鲁兹迹组合	动藻迹组合	类沙蚕迹组合
沉积环境	砂质海岸线，前滨和滨面，水深0～10m，水动力强	潮下带，滨外内陆棚，水深10～100m，也包括潟湖	半深海，外陆棚，斜坡，浅海盆地，水深100～2000m，也包括潟湖	半深海，深海，深海海底，水深1000～5000m
岩相	具有水平层理或交错层理的中/粗粒的砂岩，粒状灰岩或泥粒灰岩	具有平行纹理和交错纹理的细砂岩/粉砂岩，泥灰岩和泥岩	纹层状细砂岩/粉砂岩，泥岩和泥粒灰岩	泥岩和泥灰岩±浊积岩
类型	多样性低，直立孔穴，简单	各种表面遗迹和足迹，复杂的孔穴	数量有限的觅食迹、进食迹和生物孔穴，有的比较复杂	在沉积物表面出现规则的样式，通常见于岩层的底面类
举例	"U"形孔穴、球粒孔壁针管迹、蛇形迹、双杯迹、单杯迹	克鲁兹迹、海星停栖迹、根珊瑚迹、管枝迹、平卷虫迹、似海藻迹	动藻迹、旋形迹、螺旋迹	沙蚕迹、蠕虫迹、古网迹

遗迹化石对沉积物的硬度也具有指示作用。沉积物的硬度可以划分为 5 级：黏稠的底基、软弱的底基、松散的底基、坚实的底基和硬底（表 4-9）。如果沉积物是柔软的，那么动物在其表面形成的遗迹就可以传递到下面的纹层（图 4-78）。如果生物

孔穴被粗粒沉积物充填或者在成岩作用的早期优先发生了岩化作用，并且周围的沉积物围绕孔穴发生了压实作用，就意味着当时的沉积物是软弱的。如果生物孔穴发育在坚实的底基中，它们受到的压实作用就会很小。如果生物孔穴发育在硬底中，就会出现生物钻孔和生物包壳。

在层理面上看到的遗迹化石（如双壳类的停息迹）可能会显示某个优先的方向，反映了当时的水流方向。某些遗迹化石（如足迹、"U"形孔穴和逃逸孔穴）可以用来指示地层变新的方向。

表 4-9 底基的类型及相应的遗迹化石

沉积物的硬度	原始沉积物的特性	遗迹化石及其特征
黏稠的底基	水饱和、富含黏土的沉积物	遗迹化石被高度压缩和弄脏
柔软的底基	软泥	孔穴受到强烈的压实作用，轮廓模糊
松散的底基	经过分选的、松散的砂和粉砂	孔穴的轮廓清楚，孔壁呈线状或球粒状，稍微被压实
坚实的底基	底基坚硬，如泥质砂岩	孔穴的轮廓呈截然状，很少压实
硬底	海底被沉积物胶结，通常是灰岩	生物钻孔出现在沉积物、颗粒和化石中，在化石和碎屑的表面形成包壳

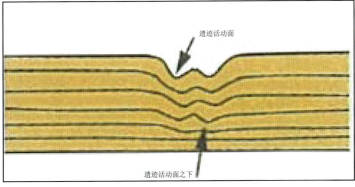

图 4-78 动物在沉积表面形成的遗迹影响到下伏纹层，形成下伏遗迹

4.6.4 根土层

植物根系对岩层内部构造的破坏方式与动物孔穴相似。大多数主根和支根是直立的,而其他的须根则是水平分布或自由分支的。根系通常被炭化,看起来像黑色的条纹。许多根系是以印模的形式保存的,但也有一些是以由砂岩组成的铸模形式保存的(如根座属)。根土层的识别对揭示植物的原地生长、土壤的发育,以及陆地环境都具有重要意义。煤层可能出现在根土层之上。

植物碎屑很容易搬运,因此富含植物碎屑的沉积物普遍存在。应当查看在植物层内是否存在根系,如果植物层只是冲刷而来的植物碎屑的集合,那么大部分碎屑应当来自植物地面以上的部分(树叶和树枝)。海草生长在数米深的水中,从第三纪演化至今,但它们的根系并不能指示地表出露。

在半干旱的环境中生长的植物,其土壤层可能会发育钙结砾岩。在这种情况下,植物的根系可能会发生钙化或被钙质包裹,形成根结核。

4.7 沉积物的几何形态和侧向相变

某些沉积岩单元在平面上分布广泛,并且它们的厚度和岩相变化不大,而另一些沉积岩单元则在横向上是不连续的。沉积物的几何形态包括露头尺度上单个岩层或岩石单元的形态、在大范围或区域尺度上沉积体的形态,以及由特殊的岩相或一组相关的岩相组成的岩套形态。

4.7.1 沉积物的几何形态

单个岩层或岩石单元的几何形态可以被描述为板状(侧向延伸广)、楔状(侧向不连续,但边界面是面状的)和透镜状(一个或两个边界面是弯曲的)(图4-79)。在大范围或区域尺度上,席状(或毯状)沉积体的长宽比接近1∶1,延伸范围为数平方千米到数千平方千米不等。长条状的沉积体(长度远大于宽度)可以描述为线状（没有分支，包括条带状和鞋带状）、树枝状（有分支）和带状（复合体）。许多长条状的砂岩体属于河道充填物，其延伸方向与古斜坡的坡向一致。长条状沉积体也可以平行于海岸线发育（例如在海滩和障壁岛环境中）。沉积单元也可以是不连续的实体，呈透镜状和团块状，后者特别适用于礁灰岩。沉积在斜坡脚下的粗粒碎屑沉积物可能呈扇状、楔状或裙状（如冲积扇、扇三角洲、坡脚沉积、海底扇沉积等）。

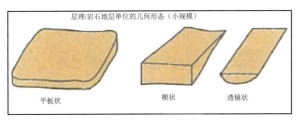

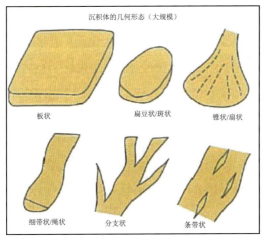

图 4-79　岩层、岩石单位（规模为数米到数十千米）和沉积体（千米级或区域规模）的几何形态，岩层/岩石单元的几何形态（小规模）

岩相是由沉积岩的岩性、结构、构造和古生物特征限定的，通常在沉积序列中会发生侧向和垂直方向上的变化。这种变化可以是单个参数（如岩性）的变化，也可以是所有参数（岩性、结构、构造和古生物）都发生了变化。岩相在横向上的变化可能很快（在几米或几十米的范围内就有变化），也可能在数千米的范围内逐渐发生变化。岩相的变化反映了沉积环境的变化。

在小范围内观察单个岩层和岩石单元的几何形态一般不难。在开采面或悬崖上，顺着岩层侧向追溯就可以确定它们的形态，同时应做好野外记录，并绘制素描图或者拍照。对于大型沉积体，在出露良好的情况下，可以直接看到沉积体形态的侧向变化以及沉积单元之间的接触关系。在露头有限的情况下，应当在几个或许多地点上，对岩石序列的同一个部分进行仔细的观察和记录。为了确保在不同地点观察到的岩石属于同一套岩石，必须在岩石序列中找到一个侧向连续的层位（标志层）或化石带，以便对比。在出露不好的地区，如果对岩相的侧向变化有怀疑，就应当通过对所有露头的详细填图来证实这种变化的存在。

4.7.2 地层的超覆和削截关系

在地震剖面的研究中，注意到在大型沉积体之间存在着几种超覆关系：上超、下超、退覆、顶超和削截（图4-80）。在沉积序列中识别这几种关系对于了解海平面的升降，以及赋存空间具有重要意义。然而，除非它们出露在大型海岸、山坡和采场，否则在野外很难观察到它们。区域性地层研究和地质填图有可能揭示这些关系。

下超可以被视为一个平缓或陡倾的表面（图4-81～图4-84）。退覆（offlap）是指沉积物逐渐向盆地方向堆积（图4-82）。下超—退覆代表了一个沉积单元通过正常或强制性的海退向海洋方向推进的过程。下超面本身通常为一个凝聚的薄层或者是一个沉积物供应不足的层位，生物扰动强烈，并可能伴随有海绿石和磷灰岩。这是一个很少或没有接受沉积的区域，直到被向前推进的斜坡沉积物掩埋。在某些情况下，在斜坡沉积物中可以看到顶超现象，斜坡沉积层向陆地方向逐渐尖灭（典型的正常海退）。在其他情况下，退覆沉积层的顶部会因后来的侵蚀作用（通常是由强制性海退和基准面下降引起的）而被削截。

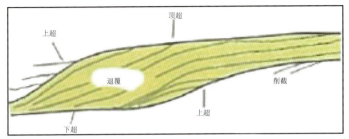

图 4-80　沉积单元之间的超覆关系（上超、退覆、顶超、下超、削截）

图 4-81　左边为块状的礁灰岩（微生物黏结灰岩）；右边为退覆的礁屑层，下超于深水泥灰岩之上。地层的时代为三叠纪。悬崖的高度为 40m（摄于西班牙 Catalonia 地区）

图 4-82　平缓的斜坡上逐渐退覆的侏罗纪鲕粒状灰岩。注意在开采上可以识别出几个被显著的泥岩层分隔的岩套。开采面的高度为 40m（摄于英格兰东北部的约克郡）

图 4-83 侏罗纪沉积岩层的上超作用。注意在这套浅水灰岩和泥岩中存在的不连续面，是由不整合面之下的岩层发生轻微的掀斜作用引起的。悬崖高度为 80m（摄于也门的马瑞贝地区）

图 4-84 在三叠纪白云岩中出现的大型单斜层，是由陆棚边缘相灰岩岩块（大小为米级）组成的。悬崖高度为 50m（摄于意大利）

一个沉积单元上超在另一个沉积单元之上通常出现在大范围内，因此很少在一个露头上能够看到全貌。地层逐渐掩盖另一个沉积单元的现象一般与地形有关，例如发生在碳酸盐岩台地或生物礁的边缘，或者是地层充填在宽大的河道构造中，并超覆在它的边缘之上，或者是地层上超在一个掀斜面上。如果能够确定大面积上超的地层单元的底面时代，就有可能发现它沿着某个特定的方向变新（即它是在那个方向上，上超在下伏地层之上的）。上超面（可能是一个不整合面）本身的性质也可能会在侧向上发生变化，例如在上超的方向上变为更加明显的古岩溶面或古土壤层（前提是上超面发育的时间足够长）。在海相地层中，上超作用反映了海平面的相对上升（海侵），上超面可能就是层序的界面或海侵面。

削截面是一个削截下伏地层顶部的、明显的层理面。削截面在出露良好的露头上很容易被识别，但它的规模一般很大，必须查看大范围内的露头，才能识别这类地层界面（不整合面）。削截面是下伏地层发生抬升和掀斜作用的结果（也可能与褶皱和侵蚀作用有关）。削截面也可以是上超面，下伏地层的年龄在上超方向上变老，较老的地层经历了更长时间的侵蚀作用（图4-80和图4-83）。

对地层单元之间的大规模接触关系，应当在出露良好的大型露头上仔细观察层理面，并进行长距离的追溯。观察的内容包括：是否存在一个平缓的层理面，上覆岩层往下变缓并收敛于它？如果有，这就是下超（图4-80）。下超地层可能包括一些更陡的岩层，但这个平缓的层理面更为明显。是否存在一个截切下伏地层的、明显的截切面？这个层理面可能是一个不整合面。在侧向上，岩层是否通过一个明显的层理面叠覆在一个缓倾斜的岩层之上？这种现象可能就是上超。

5 化石的野外研究

5.1 概述

化石是沉积岩的重要组成部分。首先，它们可以用于生物地层学的研究，确定岩石序列的相对年龄，并与其他地方的岩石序列相对比。其次，化石对沉积环境的解释也很有用。化石可以指示水体深度、水动力条件、盐度和沉积速率，它们也可以指示古水流的方向，并提供古气候方面的信息。在某些情况下，沉积序列的环境解释可能完全取决于几个化石，对化石的野外观察，应注意它们的分布情况、保存（埋藏）条件、与沉积物之间的关系、化石组合和多样性。

野外怎样观察化石的要点如下。

1. 化石在沉积物中的分布

1）化石大体上保存在生长的位置

（1）它们是否构成了生物礁？生物礁的特征：群体生物；生物之间的相互作用（例如形成包壳）；存在原始生物孔穴（被沉积物和／或胶结物充填）；呈块状而不是层状。

①描述群体生物的生长形式；在剖面上或生物礁中，它们的形态是否自下而上发生改变？

②是否有某些骨骼构成了生物礁的格架？

（2）如果为非造礁生物，它们是外栖动物还是内栖动物？如果是外栖动物，它们的化石为什么会保存在这里，是不是因为窒息？

（3）外栖化石的排列是否具有优先方向（反映当时的古水流方向）？如果有，测量该方向。

（4）化石是否形成底基的包壳（即硬底的表面）？

（5）植物是否保留着根系？

2）化石不是保存在生长的位置

（1）化石是否集中在透镜体、铺砌面或条带中？或者是形成横向上连续的岩层？还是在沉积物中均匀分布？

（2）化石是否出现在特殊的岩相中？在不同的岩相中化石的含量是否不同？

（3）如果出现化石富集层，其中出现破损和脱节的化石所占的比例是多少？骨骼构造（如脊椎和外壳）是否保存？查看化石的分选性和磨圆度，寻找叠瓦状排列、粒序层理、交错层理和底面构造。

（4）化石的排列是否具有优先的方向？如果有，测量该方向。

（5）化石是否被生物钻孔或形成包壳？

（6）注意生物扰动的程度、遗迹化石组构和特殊的遗迹化石。

2. 化石的组合和多样性

（1）确定化石组合的化石成分，估计单个岩层或层理面上不同化石族群的相对丰度。

（2）剖面上所有岩层的化石组合是一致的，还是存在几个不同的化石组合？如果是后者，化石组合是否受到岩相的控制？

（3）注意化石的改造程度和搬运作用，化石组合是否能反映在该区生活的生物群落？

（4）注意化石组合的化石成分，是否以某几个属种为主？它们是广盐度的还是窄盐度的生物？是否明显缺失某些化石族群？是否所有的化石族群具有相似的生活习性？深海生物是否占主导地位？内栖生物是否缺失？

3. 化石骨骼的成岩作用

（1）化石骨骼的原始矿物是被保存下来了，还是被其他矿物置换了（如被钙化、白云石化、硅化、黄铁矿化和赤铁矿化）？

（2）化石是否被溶解掉了只留下印模？

(3) 化石是否优先出现在某些结核中?

(4) 化石是保持原形还是被压缩了?

图 5-1 展示了显生宙主要化石族群的分布、多样性和丰度。在前寒武纪地层中,野外只能见到微生物岩。

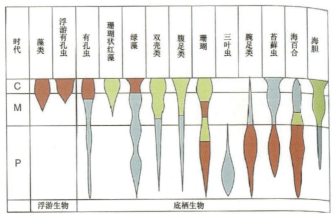

图 5-1　显生宙主要化石族群的分布、丰度和多样性(用宽度表示)

C.新生代; M.中生代; P.古生代

5.1.1　大化石

大化石在野外可以用肉眼观察到,一般可以识别出属于哪个大类,个别甚至可以鉴定到种。在古生代海相地层中常见的化石有三叶虫、笔石、腕足动物、腹足类、菊石类、直壳鹦鹉螺、皱纹珊瑚、床板珊瑚、苔藓虫、层孔虫和海百合;在中生界海相地层中常见的化石有腕足动物、双壳类(包括白垩系中的厚壳蛤类)、腹足类、六射珊瑚、海百合、海胆(尤其是白垩系)、菊石类、箭石和钙藻类;在新生界中出现大量的双壳类和腹足类,同时还有六射珊瑚和钙藻类。其他的大化石(如脊椎动物和甲壳类),需要特殊的埋藏和保存条件,一般很少见到(图 5-2)。植物化石在某些地层(大多数为非海相地层)中大量存在。

图 5-2 云南罗平生物群中的脊椎动物和甲壳类化石

5.1.2 微体化石

微体化石在手标本上通常很难看到。在少数情况下,可以用放大镜观察到粒状微体化石(如有孔虫和放射虫),或特定层位中个体相对较大的微体化石(如始新统中的货币虫)。微体化石可以通过岩石切片来观察,但是大多数微体化石需要采用各种溶液萃取出来以后,在双目显微镜或扫描电镜下进行研究。在野外采集 $0.5 \sim 1$ kg 岩石样品,就可以在实验室通过各种处理方法萃取足够的微体化石。古生界中的牙形石需要稀释酸溶解灰岩,泥盆纪之后地层中的孢子可以通过氢氟酸萃取获得。弱胶结的白垩纪泥岩中的有孔虫、介形虫则需要磨碎、筛选、超声波处理或重复的煮沸和冷冻等方法才能提取出来。

微体化石比大化石更易保存。它们可以精确地限定地层的相对年龄,因而在生物地层对比中特别有用。微体化石也可以用于古环境研究(如区分海相和非海相、浅水和深水、高盐度和低盐度等)。

5.2 化石的分布和产出

在研究或编录一个沉积物序列时,要特别注意化石的分布情况。化石有可能均匀地分布于整个岩石单元中,而不是聚集在某些特定的层位,但这种情况一般只出现在均一的沉积物中。

在许多情况下,化石并不是均一分布的,而是出现在某些特定的岩层、透镜体或生物礁中。介壳灰岩和介壳大理岩就是贝壳聚集的产物。在野外工作中,应始终注意观察化石的种类及其相对分布情况,明确在化石种类与岩相之间是否存在对应关系。化石富集于特殊的层位可能是由水流活动引起的,也可能是生物在适宜的环境条件下优先生长的结果。

在岩层内部,化石的排列方式包括顺层、与层理斜交、垂直层理、叠瓦状、叠置和巢状等几种(图 5-3 和图 5-4)。应当在剖面上观察含化石的层位,并确定化石的排列方向,后者取决于水流活动的强度和化石的分选性。

在层理面上,化石可能呈地毯状或铺砌面状排列,所有的贝壳都平躺在层理面上,也可能呈线状(条带状或低矮的脊状)排列。

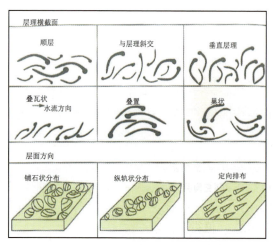

图 5-3 沉积岩的层理横截面上和层面方向上,化石的各种排列方式

图 5-4　更新世滨面相生物碎屑粒状灰岩中，壳体分离的双壳类贝壳出现在一个风暴层中

注意自下而上贝壳排列方式的变化：凸面朝上、叠瓦状、巢状和凹面朝上，反映了古水流的方向发生了变化。风暴层的厚度为 10cm（摄于澳大利亚西澳州）

5.2.1　化石的原地保存（埋藏）

在适宜的条件下，某些化石会被完整地保存下来，很少破损或解体，并且至少部分化石是在它们生长的位置保存（原地埋藏）下来的。常见的原地保存（埋藏）的化石种类包括腕足动物、牡蛎（图 5-5）、部分双壳类（特别是厚壳蛤类）、珊瑚（图 5-6）、苔

图 5-5　始新世中原地里埋藏的牡蛎化石 Ostrea
（摄于新疆阿克陶县其木干地区）

藓虫以及层孔虫。值得注意的是内栖动物的活动水平（生物扰动和遗迹组构的发育程度），以及实体化石的保存情况。

图 5-6　早石炭世陆棚相粒泥灰岩—泥粒灰岩中，保存在生长位置的群体珊瑚，以及倒转的（凸面朝上的）腕足类贝壳

视域面积为15cm×10cm（摄于英格兰东北部）

化石可以组织起来形成生物礁，其中大多数化石为原地保存。造礁生物以群居动物占优势，并且某些生物可能生长在另一些生物之上。礁灰岩通常呈块状，层理不发育。受环境的影响，造礁生物通常具有多种类型的生长方式，可能在礁体内部发生自下而上的变化。在礁灰岩中大小不一的生物孔穴也很常见，并且可能被内部沉积物和方解石胶结物所充填。

在沉积速率极低的情况下，可能会形成凝缩层。其中的化石通常被生物钻孔形成包壳，并发生退色或磷酸盐化，化石带通常是不连续的。自生矿物（如鲕绿泥石和海绿石）可能会出现在凝缩层中。

5.2.2　水流活动引起的化石聚集

水流活动可以通过若干种方式引起生物骨骼物质的聚集。由风暴流搬运的骨骼碎屑沉积后，形成风暴层（也称风暴岩）。风暴层一般在横向上比较连续，并且具有截然的底面（通常为冲刷面）。它们可以是化石碎屑分选良好、具有正粒序的纹层，也可以是化石碎屑未经分选、各种粒级混杂的岩层或透镜体。

·沉积岩篇·

水动力较弱的水流也可以通过漂选作用去掉细粒沉积物和骨骼碎屑,使较粗的骨骼碎屑聚集起来。由此形成的化石滞后沉积物通常为不连续的透镜体,常出现在浅海-陆棚序列中(尤其是在海侵面上)。由潮汐通道的侧向迁移引起沉积物的再沉积作用,也可以形成化石富集层。

在化石富集层中,碳酸盐骨骼的破损和解体比率会受到水流活动的强度和再沉积作用的影响。水流活动微弱时,化石保存完好,所有的细微构造都被原封不动地保留下来,并且各部分连接在一起。随着水流搅拌作用的增强,化石被解体、磨蚀,内部构造被破坏。某些特殊化石有各自需要关注的问题,描述如下。

海百合:海百合茎的长度是多少?小骨板是否分离了?海百合的萼部是否保存下来,并与茎部相连?

双壳式贝壳(双壳类、腕足动物和介形类):壳瓣是脱节的还是连接在一起的?如果是前者,两瓣的数目是否相同?如果是后者,两瓣是打开的还是闭合的?是凹面朝上的还是凸面朝上的?是否存在定向排列(图5-7)?

某些腕足类和双壳类:它们用于固定的脊骨是否还连在一起?

三叶虫:它们

图5-7 更新世滨面相生物碎屑粒状灰岩中,壳体分离的双壳类贝壳出现在具有鱼骨状交错层理的砂质灰岩中

注意大多数的壳体是凸面朝上的(这是在水流中最为稳定的位置),并且被溶解掉了,因为它们原来是由不稳定的文石组成的。视域面积为30cm×20cm(摄于澳大利亚西部)

的外壳是完整的还是不完整的（比如只剩下尾部）？

5.2.3 化石的定向性

由于受水流的影响，长条形壳体和骨骼的长轴通常具有一个优先方向（图5-8），一般平行于水流方向，但是如果骨骼碎片发生了滚动作用，其长轴的优先方向就会垂直于水流方向。这两种方向也可能同时出现（图5-9）。发生定

图5-8 奥陶纪半深海泥岩中，笔石呈定向排列

视域面积为15cm×10cm（摄于威尔士）

图5-9 古近纪—新近纪生物碎屑泥粒灰岩中，受同一个水流的影响，螺塔形腹足类化石沿两个方向定向排列

视域面积为10cm×10cm（摄于澳大利亚塔斯马尼亚州）

向排列的化石通常为海百合茎、笔石、竹节石、长条状双壳类的贝壳、塔锥形腹足类、单体珊瑚、箭石、直壳鹦鹉螺和植物碎片。某些化石的定向可能反映了它们生长时期的水流方向。在采集长条形化石之前，应当在层理面上测量它们的方向。

5.3 化石的组合和多样性

5.3.1 化石组合

化石组合的存在及其相互关系可对沉积环境解释提供非常重要的信息。首先应对化石组合中不同化石族群的相对丰度进行定性分析。如果要对化石组合进行精确的分析，需要对大块沉积岩进行仔细剥离，并对所有的物

种进行鉴定和统计。如果有出露良好的层理面，也可以选择一个正方形的区域（通常为$1m^2$），统计每一个化石物种的数目，并将有关资料制作成直方图或饼状图。

通过仔细分析同一个剖面中不同层位的化石组合或一个区域内属于同一时期不同岩相中的化石组合，就可以发现化石组合在时间和空间上的变化。化石组合可以按照它们的主要物种来命名，也可以选择其中一个或多个特征性的化石形态来命名。

一个化石组合同时也是一个死亡组合。许多这样的组合是由生活在不同区域的生物残骸组成的。骨骼碎屑可能是由水流搬运到一起的，因而一般是由破损的和解体的骨骼组成的。然而，某些死亡组合的确是由生活在同一个区域的生物骨骼组成的，在这种情况下，有些化石可能是原地埋藏的，其骨骼没有经过搬运或搬运距离很小。生物礁和其他生物凸起就是原地死亡组合的显著例子。

如果生物死亡之后其骨骼物质没有经过搬运或搬运距离很小，那么这个化石组合就可以反映当时生活在该地区的生物群落的面貌。一个生物群落可以像化石组合一样按照它的主要物种来命名，也可以按照它所在的岩相来命名（如泥质砂岩群落）。将一个化石组合归属于某个生物群落是重要的一步，因为生物群落的生存取决于环境因素，生物群落的变化表明环境发生了变化。一旦一个生物群落被识别出来了，就可以推断其中各种生物所扮演的角色。

在研究一个生物群落时，应当考虑仅有偶然的证据或没有证据的动物和植物。在这方面，遗迹化石、球粒、粪化石和微生物纹层可以起重要作用。此外，越来越多的证据表明，在显生宙的某些时期，由文石组成的生物骨骼会在浅海海底优先发生溶解，仅有方解石组成的化石被保存下来。

在一个化石组合中，还应特别注意包壳生物和钻孔生物的存在。大的骨骼碎片可以作为其他生物活动的底基；牡蛎、苔藓虫、藤壶（节肢动物）、无铰腕足类、海藻和龙介虫等通常在其他骨骼上形成包壳（图5-10）。钻孔生物（如龙介虫以及食石的双壳类和海绵类）可以在骨骼碎片和其他坚硬的底基上打孔，例如在硬底的表面、砾石的表面，以及岩石的表面（如不整合面）上打孔，形成特殊的孔穴或是栖管。骨骼碎片的钻孔和包壳作用通常发生在沉积速率低的时候，这也通常是沉积物中生物孔穴形成的时候。

图5-10　海胆的背壳上有一层包壳，并且见有蚯蚓状龙介虫栖管、苔藓虫和牡蛎。视域面积为7cm×5cm（手标本采自英格兰东部的上白垩统）

5.3.2　化石对环境的指示意义

化石组合中物种的类型和数量取决于环境因素。当环境因素（水深、盐度、搅动、底基情况、充氧作用等）处于最佳状态时，物种的多样性最大，底栖（包括内栖和外栖）动物、游泳动物和浮游生物都存在。在有环境压力的情况下，物种的多样性程度降低，某些动植物的物种会随之消失。即便如此，能够承受环境压力的物种仍然会大量繁殖。随着海水深度的增加，远洋生物（如鱼类、笔石、头足类、浮游的有孔虫、双壳类中的海浪蛤和某些介形虫)将占主导地位。随着海水停滞程度的增加，底栖生物最终被排除，唯有远洋生物存在。

5.3.2.1 化石与盐度

当海水的盐度高于或低于正常的盐度时，都会使许多物种陷入绝境。只能适应正常海水盐度的生物（狭盐性的生物）包括珊瑚、苔藓虫、层孔虫和三叶虫；其他族群中许多特殊的属和种也是狭盐性生物。某些化石族群（广盐性的生物）对盐度变化的适应能力极强，例如某些双壳类、腹足类、介形类和轮藻。如果沉积岩中所含的化石数量很大而物种很少，那么就要怀疑这是否与高盐度或低盐度的海水有关。在某些情况下，生物骨骼的形态和大小发生改变也与过高或过低的海水盐度有关。蒸发盐假象的出现表明海水的盐度过高。

5.3.2.2 化石与水体深度

沉积深度最好是根据沉积构造和沉积相来判断，化石可以指示沉积深度，但一般不够准确。许多底栖生物（如腕足动物、双壳类、腹足类、珊瑚等）的化石一般指示靠近岸边的、水动力较强的浅水沉积环境，水深一般小于20m；它们也可以出现在比较深的海水中，但是数量较少。其他化石通常出现在比较平静的、泥质陆棚环境。随着水体深度的增加，底栖生物的化石逐渐减少，而远洋生物的化石变得更为普遍。透光带（水深为100～200m，取决于海水的透明度）以藻类化石的消失为特征，但实际上有少数几种藻类生活在这一深度附近。

在比较深的水体中，文石补偿深度（ACD）为数百米到2000m，在此深度之下，由文石组成的贝壳不再保存，只留下它们的印模。方解石的补偿深度（CCD）为数千米，在这个深度以下没有发现钙质化石，硅质页岩和燧石为常见的沉积岩，其中仅含有非钙质的化石（如放射虫和磷酸盐质的菊石）。

5.3.2.3 化石和遗迹化石与氧的关系

海水和沉积物孔隙中氧的含量是控制生物生存、化石保存和沉积相一个重要因素。根据氧的含量可以划分出 5 个与氧有关的相：厌氧相、准厌氧相、富氧相、贫氧相和喜氧相，它们各自具有不同的遗迹化石、实体化石、沉积物结构和成分（表 5-1）。充氧作用的强度是由水体循环、有机质含量、沉积物供给速率和水体深度等因素决定的。

主要海相沉积岩中的典型化石及其保存情况见表 5-2。

表 5-1 化石、遗迹组构／遗迹化石与氧的关系

与氧有关的相	实体化石	遗迹组构	沉积物
厌氧相	没有底栖生物化石，远洋生物化石保存完好	没有遗迹化石和生物孔穴，有生物排泄物	纹层发育良好，有机质丰富，黑色泥质沉积
准厌氧相	少量的微型底栖生物化石，远洋生物化石保存完好	微生物扰动，生物排泄物	纹层发育良好，有机质丰富，黑色泥质沉积
富氧相	原地保存的浅海底栖生物大化石，个体较小，生物多样性低	少量遗迹化石和浅的生物孔穴	纹层状，深灰色泥质／砂质沉积
贫氧相	个体较小的、薄壳的底栖生物大化石，生物多样性低	少量较深的遗迹化石，浅的生物孔穴较多	生物扰动纹层状和灰色泥质／砂质层
喜氧相	厚壳的底栖生物大化石，具有生物多样性	可能出现丰富多样的遗迹化石	生物扰动地层，沉积构造（如波痕、交错层理等）

表 5-2 海相地层中的主要化石种类及其保存（埋藏）情况

沉积相	岩性	化石的种类	化石的多样性	化石的丰度	化石的埋藏情况
潟湖相以及位于障壁岛或生物礁背后的沉积相	细粒碎屑岩和碳酸盐岩，少量风暴成因的粗粒沉积岩	双壳类、腹足类、介形类，常见遗迹化石	低	变化的，可能为高丰度	原地埋藏的动物，少量贝壳层，风暴带来的化石
海滨线，海滩和滨面	砂岩/粒状灰岩＋交错层理，SCS、HCS	腕足类、双壳类、腹足类、生物孔穴	低	大多数情况下为低丰度	原地埋藏的动物很少，骨骼碎屑
滨面，内-中陆棚	风暴层中的砂岩/粒状灰岩，以及泥岩	腕足类、双壳类、海百合、海胆、珊瑚，许多生物孔穴	变化	中等到高	介壳灰岩，滞留沉积中的贝壳，原地埋藏的动物很少，骨骼碎屑
外陆棚	以泥岩为主，薄层风暴岩	腕足类、三叶虫、双壳类、笔石、海百合、菊石	变化	低	原地埋藏的动物，很少有滞留沉积中的贝壳或介壳灰岩
碳酸盐岩陆棚边缘	礁灰岩	珊瑚、苔藓虫、层孔虫、软体动物、海绵、腕足类、藻类	高	高	原地埋藏的动物，骨骼碎屑，介壳灰岩
深海斜坡相和深海盆地	泥岩、浊积砂岩和灰岩	远洋动物（菊石、有孔虫等），再沉积层中的化石	低	变化的，可能为高丰度	原地埋藏的远洋动物，骨骼碎屑

5.4 骨骼的保存（埋藏）和成岩作用

化石骨骼的原始成分通常会在成岩作用中发生改变。许多碳酸盐骨骼是由文石组成的，在正常情况下，文石会被方解石取代。取代化石的其他矿物包括白云石、黄铁矿、赤铁矿和硅氧矿物。

在某些情况下，化石可能被完全溶解掉，只留下它们的印模。例如，在灰岩或砂岩中，由文石组成的化石会优先被溶解掉。当灰岩发生白云岩化作用时，其中的某些化石（尤其是由方解石组成的化石）不会发生白云岩化作用。在很少的情况下，生物碎屑会在海底发生溶解，深水（深度在 ACD～CCD 之间）沉积物中由文石组成的化石通常会出现这种情况。化石溶解后留下的印模可能会形成方解石或铁锰质包壳。

结核作用可能会优先围绕化石发生。当成岩作用早期形成的结核出现在泥岩中时，结核中的化石与泥岩中的其他化石相比，保存得更好（即受到的压实作用更小）。例如泥岩中的菊石化石通常被钙质结核包裹，因而没有受到压实作用的影响（图 5-11）。

图 5-11　钙质结核中的菊石保存完整，没有受到压实作用的影响。壳体受到了黄铁矿的部分交代（表明沉积物缺氧），壳体内部充填有白色的方解石晶体（化石采自英格兰东北部的侏罗系）

6 古水流分析

6.1 概述

古水流的测量是沉积岩研究的一个极其重要的部分,因为它们可以提供古地理、古斜坡、古流向和古风向等方面的信息,同时对沉积相的解释也很有用,因此古水流的野外测量应当成为一项常规工作。

沉积岩中许多不同的沉积构造都可以用作古水流的指示物。有些构造记录了古水流的运动方向(方位角),而另一些构造则记录了古水流的运动路线(走向)。在沉积构造中,最有用的古水流指示物是交错层理和底面构造(槽模和沟模),但是其他构造也可以给出可靠的结果。下面首先介绍各种指示古水流方向的沉积构造及其分类(线状构造和面状构造),然后介绍怎样根据这些构造来识别古水流并确定古水流的方向。

6.2 指示古水流的沉积构造

按照几何形态,指示古水流的沉积构造一般可以分为两种类型:线状构造和面状构造,以下做简要介绍。

6.2.1 指示古水流的线状构造

线状构造是指能反映物源、具有线状特征,并且可以指示古水流方向的沉积构造。构造延伸方向可以与古水流方向一致,也可以垂直于古水流方向;其方位角可以是单向的,也可以是双向或多向的,据此可以划分出 4 种线状构造类型。

6.2.1.1 单向平行流向的线状构造

槽模:一些规则但不连续的舌状突起。在纵剖面上一般一端突起稍高,另一端变宽变平,逐渐并入底面中,显示古水流由突起高处流向宽平方向(图 6-1、图 6-2)。槽模是一种冲刷底模构造,大小形状不一。一般为几厘米到十几厘米,最大可超过 1m;平面形状呈舌状（图6-2）、锥状、扁长状、螺旋状、马蹄形等，对称或不对称。槽模常成群出现于浊积层中，偶尔也单个出露。

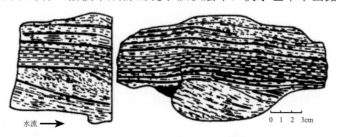

图6-1　槽模的纵剖面及其古水流方向示意图

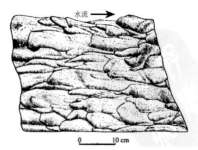

图6-2　舌状槽模及其古水流方向示意图

锥模和跳模是一种刻蚀模，是由介质中的载荷在砂床表面滚动或间歇性撞击形成的。跳模是两端尖平的短小脊状体，古水流方向较难确定，但成组的复合跳模在一定程度上可以反映古水流方向（图6-3a、c）。锥模的一端较钝且陡而宽，另一端低而尖并逐渐消失，由底模较缓的一端到较陡的一端代表古水流的流向（图6-3b）。在大多数情况下，跳模和锥模都产出并共生于浊积岩的底面。

锯齿痕是"V"字形模痕连续排列的直线形峰脊。一般底模较陡的一端向较缓的一端指向古水流的下游方向（图6-3e）。

滚动痕是载荷在沉积表面滚动产生连续的痕迹，以很短的等距间隔排列，并可演变为跳模。每一滚动模均可显示流向，由底模较陡的一端向较缓的一端代表古水流方向，多见于浊流沉积中。

槽状交错层理轴：槽状交错层理纵向轴的倾向代表了古水流方向。

此外，水流纵向冲刷、水道充填也可形成单向平行流向的线状构造。冰川擦痕虽然不是水流作用的结果，但也能反映冰川物质的搬运方向。

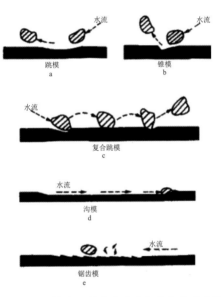

图 6-3 工具模的纵剖面及其古水流方向示意图

6.2.1.2 单向垂直流向的线状构造

主要见于流水波痕（current ripple）的峰脊，波脊一般呈平直状。由于这类波痕的流向易于确定（见面状构造的波痕），因此，峰脊走向与流向垂直的流水波痕也可归并于单向垂直流向的线状构造中。如果是波状、舌状或菱形波痕，则可能存在两组以上的流向垂直于其波脊。

6.2.1.3 双向平行流向的线状构造

所谓双向，是指流向的方位角无法确定，可能一致也可能刚好相反。主要有以下几种线状构造。

沟模：为纵向上平直的、微微凸起的脊和下凹的槽，特点是沟或槽呈直线状，模高不足 1cm，宽 1~10cm，长度为数厘米至数十厘米，常成组出现，反映了古水流的走向，但难以确定流动方向（图 6-3d）。

碎屑线理：砂及粉砂级的陆源碎屑颗粒在不同的沉积物（主要为泥质）背景上留下的线状构造，可以反映古水流的走向，但流动方向（方位角）较难确定。

剥离线理：位于平行层理面上的线状构造，与平行层理的走向一致，与流向平行。

6.2.1.4 双向垂直流向的线状构造（bilinperp）

双向垂直流向的线状构造主要包括浪成波痕和变形层理两种。浪成波痕与浪成交错层理的发育相关。对称的浪成波痕具有两侧对称、波峰尖、波谷圆滑、波脊平直等特点。垂直于波脊走向的方向代表水流的走向，但其方位角无法确定。

变形层理：前述的包卷层理和倒转的交错层理都可以反映垂直于轴面走向的古水流方向。其中，包卷层理通常呈小型复式"向斜"或"背斜"，其轴面走向与流向垂直。

6.2.2 指示古水流的面状构造

面状构造是指能够显示物质来源，具有倾斜面、并且可以指示古水流方向的沉积构造。这些构造的走向和倾向均可以直接测量。根据面状构造倾斜面所显示的水流方向，可以进一步将它们分为向下倾和向上倾两大类面状构造。由于每一个面状构造所显示的古水流方向基本上都是单向的，所以在其前面总是冠以"单向"一词。

6.2.2.1 单向向下倾的面状构造

可以从层理构造和层面构造两个方面来描述。

（1）层理构造（层内构造）主要从以下几个方面来描述。

板状交错层理：流水成因，前积纹层面的倾向代表水流方向（注意：从图上看倾向与水流方向相反）（图 6-4a）。

槽状交错层理：流水成因，槽状前积层的长轴所在面汇聚方向代表的倾斜方向为水流方向（图 6-4b）。

冲洗/楔状交错层理：浪成，前积纹层面的倾向代表水流方向，但通常伴有两组方向（图 6-4c、d）（注意：从图 6-4c 上看不出两组方向）。

倒转层理：当沉积物尚未固结、具有一定黏度，并且水的流动速度可以搅动刚沉积的物质时，常形成比休止角陡的倒转交错层理，倒转的方向与（斜坡）水流的方向相同。

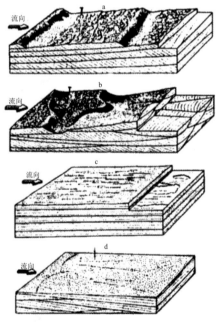

图 6-4 指示古水流方向的主要层理和波痕

a.板状交错层理；b.槽状交错层理；c、d.冲洗/楔状交错层理

（2）层面构造（波痕）：细层迁移时在层面上留下的痕迹，

表现为波痕。波痕的指向性很强，水流方向垂直于波脊的走向。由流水形成的不对称波痕的陡倾面的倾向代表水流方向。但是它们所揭示的古水流的方位角和优选性却不如层理面倾向揭示的明显，因此通常应结合层理及有关线状构造所指示的方向来判断古水流的方向。

6.2.2.2 单向向上倾的面状构造

（1）爬升波痕交错层理：流水成因，爬升面倾向上游，其相反方向——波痕的爬升方向，即代表流水方向。

（2）碎屑叠瓦构造：主要为由砾石叠瓦式形成的构造。古水流的方向由砾石的 a 轴与 b 轴所形成的叠瓦面（图 6-5）来确定，即正好与叠瓦面的倾向相反。Collinson 和 Thompson（1982）根据形成于河流的正砾岩、密度流的副砾岩，以及没有分选的副砾岩，提出了 3 种测量古水流方向的方法。①正砾岩，典型的见于河流床砂环境中，砾石的滚动轴为 b 轴，沿 a 轴方向滚动（图 6-5a）。②密度流副砾岩，沉积于相对稀释和黏稠的流体中，砾石与填隙杂基一起流动，颗粒间相互碰撞，在周围流体的阻抗下定位形成定向组构（图 6-5b）。③无分选副砾岩，它分两种情况，一是产生于垂直掉落的砾石，不受水动力影响；二是形成于高黏度、高密度的近于"冻结"的流体中。前者无流向，后者流向近乎垂直于长轴 b 轴（图 6-5c）。

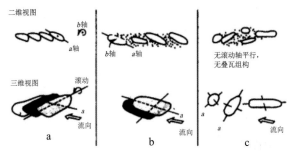

图 6-5 不同结构条件下砾石叠瓦组构的古水流指示原则和识别方法

6.2.2.3 火焰状构造

火焰状构造被认为是由于上覆砂/粉砂层在高流态砂床上迅速堆积造成的下沉和挤压作用所致，或者是由浊流对其底部薄层含水黏土的拖曳作用引起的。但是现在大多数沉积学家已基本上认同火焰状构造是一种与重力压实作用有关的沉积构造。尽管如此，火焰状构造仍然倾向于指向一个方向，这个方向即可能是古水流方向。一般认为，火焰状构造的缓坡面的倾向方向与流向相反，即火焰尖端方向可能代表水流拖曳方向。

7 沉积相分析、沉积旋回和沉积序列

7.1 概述

从沉积地层中收集到各种野外资料以后，剩下来的工作是解释相关信息。沉积岩的许多研究主要是为了阐明沉积作用发生的条件、环境和过程。野外资料是开展这些研究必不可少的资料。还有一些研究更关注沉积岩的某些特殊方面，例如与沉积岩相关的矿产和能源资源、特殊构造的成因或成岩历史。在许多情况下，在野外工作之后，还要开展实验室研究，以便确定沉积岩的成分和矿物组成。

7.2 沉积相分析

如果研究的目的是推断沉积过程和沉积环境，那么就应当根据收集到的各种野外资料来识别沉积序列中的各种沉积相。沉积相是由一组特定的沉积物属性（岩性特征、结构、沉积构造、化石含量、颜色、几何形态、古水流样式等）所限定的。一种沉积相是在一种特定的沉积环境中，由一个或多个沉积过程形成的，尽管沉积相的外貌可能受到沉积以后成岩作用的强烈改造。在一个沉积序列中可能存在多种不同的沉积相，但是在一般情况下，这个数目并不是很大。某些沉积相可能在同一个沉积序列中重复几次或多次。一种沉积相可能由于一种或几种特征的改变，而在垂向上或侧向上变为另一种沉积相。在某些情况下，有可能在一种沉积相中识别出若干亚相，其中的沉积物在许多方面是相似的，但是存在着某些差别。

最好使用客观的、纯描述性的术语作为恰当的形容词来表述相，例如具有交错层理的粗砂岩相、块状含砾泥岩相、货币虫泥粒灰岩/粒状灰岩相等。相也可以用数字或字母来表述（相A、相B等)。此外,为了简化起见,还可以采用岩相代码(如S为砂,m为块状,c为粗粒等)来快速记录。在某些情况下,相可以用沉积环境来表述(如辫状河流相、潟湖相等),或者用沉积机制来表述(如浊积岩相、风暴岩相等)。在这一研究领域的初期阶段,相应该只是用来描述的,后来才有沉积过程或沉积环境的解释。

详细观察和记录一个沉积序列以后,应当仔细查看记录到的沉积物的所有属性,找出具有相似特点的岩层或岩石单元。首先应当查看沉积构造,因为它们反映了沉积过程;然后查看结构、岩性和化石含量。可能会发现在一个沉积序列中仅有为数不多的、具有相似属性的、独特的沉积物类型(沉积相),将它们命名或者编号以供参考。

一旦各种沉积相被区分开来就可以将它们的各种特征(名称、代码、典型厚度或厚度范围、粒度、沉积构造、化石、颜色等)列成表格,然后可参照已发表的、有关现代沉积物和古老沉积相的描述,对沉积相进行解释。

有些沉积相的沉积环境和沉积条件很容易解释,而另一些沉积相的环境特征不明显,必须结合相邻的沉积相才能得到解释。例如,球粒状的灰泥岩几乎可以肯定是在潮坪环境中沉积的,而交错层状粗砂岩则可能是在河流、湖泊、三角洲、浅海甚至深海等各种环境中,通过各种沉积作用形成的。有些沉积作用形成了独特的沉积相,但它们可以发生在不同的沉积环境中。例如,形成粒序层的密度流沉积作用可以出现在浅水或深水的湖泊和海洋盆地中。

垂向相序列的概念有助于沉积相的解释。在一个整合的、没有明显间断的垂向相序列中,不同的沉积相是相邻的沉积环境发生侧向迁移的产物。当沉积序列中存在沉积间断时(沉积相之间的界面是截然的或为侵蚀面),垂向相序列就不一定是相邻的沉积环境发生侧向迁移的结果，而可能是在原来分隔很远的沉积环境中沉积的。沉积间断可能代表了在其他环境中形成的沉积物已经被剥蚀掉了，也可能是由于沉积条件的重大变化（如海平面的相对上升或下降）造成的。

在一个沉积序列中，一组沉积相可以共同构成一个沉积相组合。构成同一个沉积相组合的沉积相，一般是在相同的大环境中，由不同的沉积作用、独特的沉积亚环境或沉积条件的变化形成的。例如在一个三角洲或海底扇中，可能存在几种不同的沉积作用，形成不同的沉积物类型，但它们都是相关的，因而可以构成一个沉积相组合。

7.3 沉积相模式和沉积环境

沉积相模式是通过现代沉积环境和沉积物与古老的沉积环境和沉积物的对比研究建立起来的，用来概括沉积系统的特征，并展示在横向和垂向上沉积相之间的关系。这些沉积相模式不仅有助于解释沉积岩的特征，而且有助于预测沉积相的分布和几何形态。值得注意的是沉积系统是动态变化的，沉积相模式可能只是与某一特定的海平面、特定的气候带或纬度，甚至特定的地质时期有关。主要沉积环境的沉积相模式将会在本章后面的相关部分介绍，包括辫状河、曲流河、三角洲、海滨线、深海、碳酸盐岩陆棚和碳酸盐斜坡的沉积相模式。根据沉积相资料，建立沉积相模式。根据沉积相的特点来解释沉积环境和亚环境，并分析它们的二维和三维空间展布。通过绘制素描图、剖面图和立体图，来展示沉积相和亚相的分布。还要分析沉积作用的主要控制因素：海平面变化、气候、大地构造、沉积物供给和生物群。最后，还要在沉积相序列中寻找沉积旋回，建立层序地层。

7.4 沉积旋回和层序地层学

前面已经提到，沉积岩通常可以划分为若干个独特的岩石单元，这些岩石单元在一个沉积序列中可以重复几次或许多次。厚度为 1~10m、重复出现的岩石单元，通常被称为沉积旋回，在层序地层学术语中，被称为准层序，它们沉积的时间跨度一般为几万年到几十万年。准层序是层序的次级单元。单个层序的厚度一般为几十米到几百米，沉积的时间跨度一般为 300～50 万年。米级沉积旋回和准层序的特征如下。

（1）旋回/准层序的边界特征：①寻找沉积旋回顶部暴露的证据（如古岩溶、壶穴、古土壤、根系、煤层、窗孔构造、潮上蒸发岩、孔洞、塌陷角砾岩）。②如果没有暴露，那么就寻找沉积间断的证据（如强烈的生物扰动作用，具有包壳和生物钻孔的硬底）。③寻找沉积旋回底部泛滥的证据（如页岩、磷灰岩、海绿石、滞留沉积、再沉积的砾石和化石）。

（2）旋回/准层序的内部变化：①观察岩相自下向上的变化（如灰岩向上变为白云岩或石膏，灰泥岩向上变为粒状灰岩，反之亦然，泥岩向上变为砂岩）。②观察粒度自下向上的变化（向上变粗或向上变细）。③观察单层厚度自下向上的变化（向上变厚或向上变薄）。

（3）旋回/准层序的堆叠样式：①查看连续沉积旋回的厚度变化，单个旋回的厚度是向上增厚还是变薄？②查看沉积旋回顶部的暴露程度，暴露程度是向上增大还是减小？③查看在一系列准层序中沉积相的变化，水体的深度是否存在一个长期变浅或变深（例如由潮间带变为潮下带）的趋势？④重复出现的旋回是否构成几个或多个旋回组（每组包括 3～8 个旋回）？⑤制作费舍尔投影图，显示一个沉积序列中单个旋回的厚度相对于平均旋回厚度的变化情况。

7.4.1 沉积旋回

由于沉积环境的不同，米级的沉积旋回在成分和岩相上变化很大。大多数在浅水、海滨线、陆棚和台地环境中形成的沉积旋回都显示出海水向上变浅的趋势，这种趋势是通过岩性、成分、粒度和微相的变化表现出来的。有些沉积旋回是由交替出现的岩性组成的，例如在深水盆地和浅水序列中的泥岩－灰岩（图7-1）、在碳酸盐岩台地序列中的灰岩－石膏或灰岩－白云岩，以及在浅海和深海硅质碎屑岩序列中的泥岩－砂岩（图7-2和图7-3）。混合式碎屑岩－碳酸盐岩沉积序列也可能出现（图7-4）。在某些沉积旋回中，自下而上会出现系统的粒度变化，例如粒度向上变细（图7-5、图7-6），或粒度向上变粗（图7-2、图7-3、图7-7、图7-8）。

图7-1　白垩纪中的米级沉积旋回

单个旋回中泥岩向上变为砂质灰岩。地层从右向左变新（摄于阿根廷）

　　沉积旋回中的岩层厚度也可能会出现自下而上的系统变化（向上变薄或向上变厚，图7-3）。

　　在大多数情况下，通过仔细的野外观察，就可以发现沉积序列中的沉积旋回。由于沉积旋回中的某些岩层更容易被侵蚀掉，因而会出现阶梯状的地形或坡度上的变化（图7-9）。在某些情况下，只有在制作出详细的柱状图或进行统计分析之后，才能揭示出沉积岩的旋回性。

图 7-2　石炭纪中的 3 个沉积旋回

石炭纪中的 3 个沉积旋回均由泥岩和上覆砂岩组成,最下面的砂岩顶部具有大型面状交错层理(向右倾斜),这是由大型沙波在海洋大陆架上迁移形成的。该砂岩段的顶面存在生物扰动迹象,与上覆黑色页岩之间的截然界面为海水泛滥面。黑色页岩向上变粗为第 2 个砂岩段,这是由小型三角洲的进积作用形成的。第 2 个砂岩段与上覆黑色页岩之间的截然界面也是一个海水泛滥面。黑色页岩向上变为第 3 个砂岩段(位于剖面的顶部),这是在三角洲支流中沉积的河道砂岩,具有截然的底面。三角形表示粒度变化的趋势:倒三角形＝向上变粗。剖面高度为 15m(摄于英格兰东北部)

图 7-3　白垩纪深水杂砂岩(浊积岩)

白垩纪深水杂砂岩(浊积岩)可以划分为 5 个向上变粗的岩石单元(厚度为 2～5m,由 5～10 个岩层组成)。岩石单元之间被 0.5～1m 厚的泥岩分隔开来。在某些岩石单元中,单个岩层的厚度有向上增大的趋势。地层从左向右变新(摄于美国加利福尼亚州)

图 7-4 中石炭世由碎屑岩-碳酸盐岩组成的混合式沉积旋回

下部为成层性良好的海侵陆棚相碳酸盐岩，上覆前三角洲泥岩和三角洲砂岩。向上变粗的碎屑岩被一个主要的河道下切，河道中充填的碎屑岩显示侧向加积作用（从左到右）和粒度向上变细（摄于英格兰东北部）

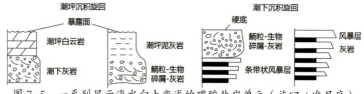

图 7-5 一系列显示海水向上变浅的碳酸盐岩单元（旋回/准层序）

单元的厚度通常为 0.75～2m，也可能达到 10m 以上

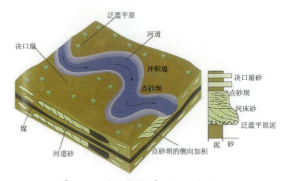

图 7-6 曲流河环境的沉积相模式

由向上变细的砂岩单元和泥岩盖层组成的典型沉积序列（泥岩盖层是由河道侧向迁移形成的）。这种沉积单元的厚度从几米到数十米不等。侧向加积面可能会出现在砂岩段

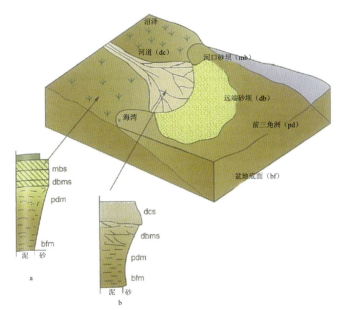

图 7-7 海洋三角洲环境的沉积相模式和两种典型的沉积序列

a.在海平面相对静止的时期,三角洲的前积作用形成向上变粗并被煤层覆盖的沉积单元;b.向上变粗的沉积单元被分流河道中的砂岩切割。厚度为 10～30m 或更厚。这些沉积单元中可能存在很多变化,尤其是在分流河道之间的海湾发育时,靠近单元的顶部变化较大。m.泥;ms.泥质砂;s.砂

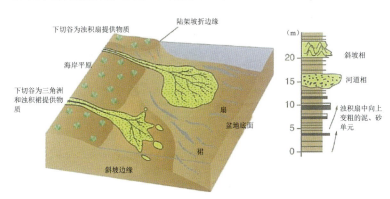

图 7-8 深海浊积扇和浊积裙环境的沉积相模式

浊积扇和浊积裙分别发育在陆架坡折边缘和斜坡边缘,形成典型的向上变粗的沉积序列。这两种沉积环境在海平面下降阶段和低水位期发育得最好

图 7-9　侏罗纪碳酸盐岩台地内部的米级旋回

峭壁高度为 300m（摄于也门 Empty Quarter 地区）

7.4.2　沉积旋回的边界

应当仔细观察沉积旋回之间的边界，因为那里可能存在特殊的层位。在许多情况下，沉积旋回的顶部是一个暴露层，如古土壤层（钙结砾岩、根土岩或根土层）、古岩溶面、干裂的微生物纹层或窗孔状灰泥岩，它也可能是一个截然的侵蚀面。有些沉积旋回的顶部并没有暴露到地

图 7-10　在图 7-9 所示地区，一个侏罗纪沉积旋回的顶层含有角砾、砾石和黑色砾石（都是地表暴露的产物）；上覆灰岩具有一个截然的底面，并且含有来自下伏地层的、再沉积的砾石（摄于也门）

表，而是出现强烈的生物扰动或者是具有包壳和生物钻孔的硬底，说明水体变浅，并存在一个沉积间歇期。

沉积旋回的底部通常是一个海水泛滥面,具有一个截然的底部冲刷面,并且含有来自下伏地层的、再沉积的砾石(图 7-10)。在沉积旋回的底部也可能会有一个泥质层,反映了新旋回开始时由海侵作用引起的深水条件。

7.4.3 沉积旋回的堆叠样式与旋回地层学

如果一个地层序列是旋回性的,那么沉积旋回的特性就可能存在某些自下而上的系统性变化中。记录这些变化是很重要的,因为它们反映了沉积作用的长期控制因素和容纳空间及相关因素随时间的重大变化。在许多情况下,沉积旋回的厚度在地层序列中存在系统性的变化(向上逐渐增厚或减薄;图 7-11、图 7-12)。在某些情况下,3～8 个沉积旋回可以合并成一个旋回组(准层序组),组内连续沉积的单个旋回的厚度向上减小或增大(图 7-12、图 7-13)。事实上,在一个地层序列中可能存在一整套旋回等级:旋回组、小型旋回组、中型旋回组和巨型旋回组。

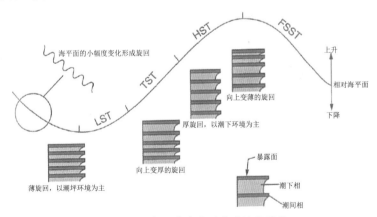

图 7-11 一个层序中准层序的堆叠样式

单个的米级旋回是由高频率的相对海平面变化形成的,而长期的厚度变化则反映了容纳空间的低频率、长期的变化。如图所示,堆叠样式决定了一个层序的体系域。LST.低水位体系域;TST.海侵体系域;HST.高水位体系域;FSST.下降阶段体系域

应当测量沉积旋回的厚度,并注意向上变薄或向上增厚的趋

势。费舍尔图解（fischer plot）是一种很好的展示旋回资料的方式，尤其是对水体向上变浅至海平面的潮缘碳酸盐沉积旋回很适用。在费舍尔图解中，将连续沉积的单个沉积旋回的厚度相对于平均旋回厚度的变化标绘出来了（图7-14）。图解的样式反映了容纳空间和相对海平面随时间的长期变化。但是，没有经过详细的研究，就假定每个旋回代表的沉积时间长度是相等的，这是不合理的。

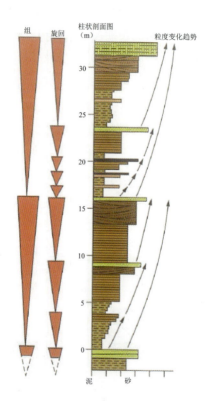

图 7-12 米级沉积旋回及其堆叠型式的一个例子

一个沉积序列是由向上变粗的若干单元（旋回）组成的（细箭头指示旋回），根据增加的粒度和厚度，可以将若干单元合并为一个岩套（组）

· 沉积岩篇 ·

图 7-13　三叠纪布伦塔（Brenta）白云岩中，米级准层序被归并为 6 个准层序组（如箭头所示），它们之间的界线由雪线突显出来（摄于意大利）

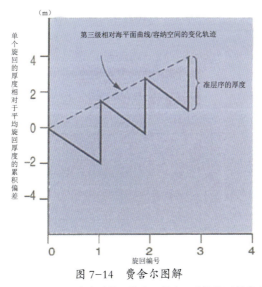

图 7-14　费舍尔图解

根据一个地层序列的总厚度来计算平均旋回厚度。平均旋回厚度（在本例中为 2m）用一条对角线来表示，相继出现的单个旋回的厚度用一条垂线来表示。横坐标表示不同时期沉积旋回的编号。纵坐标显示单个沉积旋回的厚度相对于平均旋回厚度的偏差。没有假定形成每个沉积旋回的时间长度是相等的。对于那些水体逐渐变浅至海平面的沉积旋回来说，其厚度随时间的变化趋势可能反映了相对海平面和容纳空间的长期变化在一个地层序列中，沉积旋回本身的内部构造和沉积旋回的边界性质也可能会发生自下而上的系统性变化。沉积旋回的顶部暴露程度也可能在地层序列中发生自下而上的系统性变化（增强或减弱）。如果沉积旋回是在大面积内发育的，那么就要观察单个旋回的沉积相在横向上的变化，看它们是否能够对比，或者看各孤立点上的沉积相能否构成一个整体。

通过对米级沉积旋回和旋回地层学的仔细研究，有助于进行地层序列之间的对比。在某些情况下，通过一个标志层研究（比如一个具有特殊的化石带或发育良好的、颜色特殊的暴露面的沉积旋回），可实现不同露头的对比。一旦在某些露头上熟悉了地层的特征，你就可以在其他露头上寻找同样的特征。另外，沉积相/厚度/粒度等自下而上的系统性变化，也可以用于旋回性地层序列的对比。

米级旋回（准层序）的成因是一个很有意思的问题。自旋回机制（如潮坪的前积和曲流河的侧向加积等沉积作用）和他生旋回机制（如伸展运动引起的脉冲式沉降、由地球轨道变化和日照量变化引起的海平面变化以及冰川性海面升降）都可以形成旋回性沉积物。

沉积旋回的性质在不同的地质历史时期是变化的。这种变化是对主要的构造活动期和构造平静期的响应，也反映了全球气候的长期变化，即冰期气候（晚前寒武纪—寒武纪、石炭纪—二叠纪和新近纪—第四纪）和间冰期气候（古生代中期和三叠纪—古近纪）的交替出现。冰期海平面变化的幅度远高于间冰期。

7.4.4 沉积旋回的堆叠与层序地层学

在由米级沉积旋回组成的地层序列中，沉积旋回（准层序）的堆叠样式决定了体系域，后者属于层序的一部分。例如，以潮下相为主、向上增厚、并被弱暴露（或没有暴露）的层位覆盖的准层序，反映了容纳空间逐渐增大，海侵达到高水位体系域。而以潮间/潮上相为主，向上变薄并被发育良好的暴露层位覆盖的准层序，则反映了容纳空间逐渐减小，通常为高水位后期体系域、下降阶段体系域或低水位体系域（图 7-15 ～图 7-18）。

图 7-15　白垩纪中出现海水向上变浅的大型沉积序列（高水位沉积层序）

　　中、下部以泥岩为主，夹厚层灰岩，顶部为 100m 厚的块状灰岩（摄于希腊爱奥尼亚海岸）

图 7-16　中石炭世中期出现一个由砂岩填充的主要河道（下切谷）

　　河道向下切入由泥岩到砂岩，向上变粗的三角洲沉积序列，后者覆盖在海相灰岩之上。倒三角形表示粒度向上变粗的单元；虚线表示河道的底面（摄于英格兰东北部）

图 7-17 二叠纪冰海相成层良好的泥岩中，出现由花岗岩组成的坠石（摄于澳大利亚西澳州）

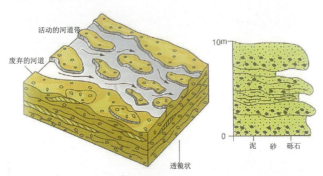

图 7-18 辫状河环境的沉积相模式，以及由分选较好的、透镜状砾岩和粗砂岩组成的典型沉积序列

运用模式研究层序地层学的工作流程（Catuneanu et al, 2010）。

（1）与模式无关的工作流程。开展基础性的沉积学－地层学观察：沉积相、接触面、尖灭、堆叠样式和几何形态。评价地层序列的生物地层学资料；确定关键界面（不整合面、暴露面和海水泛滥面）和成因单元（由强制性的海退、正常的海退和海侵形成的单元）。

（2）与模式相关的选择：选择最适当的层序界面，选择最适当的层序地层模式、命名关键的界面和体系域。

在许多以米级沉积旋回（准层序）为主的地层序列中，可能没有一个明显的不整合面/沉积旋回的顶面可以作为层序的界面，而是存在一个层序边界带。该带中的沉积旋回比较薄，以潮间相/陆相为主，并且暴露的证据比较多。同样，在旋回性地层序列中，可能也没有一个特殊的最大海水泛滥面（MFS），而是存在一个最大海水泛滥带（MFZ）。该带中的沉积旋回比较厚，以潮下相为主，很少暴露的证据。

河流相的主要特点如下。

（1）沉积作用：比较复杂；冲积系统包括曲流河和发育良好的泛滥平原、辫状河（图7-18）和冲积扇。曲流河道的侧向迁移以河漫滩泥质沉积和泛滥平原上的决口扇砂质沉积为特点。在辫状河中，河道沉积占主导地位，形成以砾石或砂为主的沉积物。在冲积扇中，可以出现河流、席状洪流和碎屑流。

（2）岩性：包括砾岩、砂岩和泥岩；常见层内的薄层砾岩；许多砂岩为岩屑砂岩或长石质砂岩，成分成熟度变化大。

（3）结构：许多河流沉积的砾岩具有砾石支撑结构，砾石呈叠瓦状排列；碎屑流沉积的砾岩具有基质支撑结构；大多数河流沉积的砂岩是由棱角状和次圆状的颗粒组成的，分选差到中等（即结构上不成熟到成熟）；有些河流相砂岩和泥岩是红色的。

（4）构造：河流相砂岩具有板状和槽状交错层理、水平层理+剥裂线理、低角度交错层（侧向加积面）、河道和冲刷面；细砂岩具有波痕和交错纹理；河流沉积的砾岩呈透镜状，具有水平层理和粗糙的交错层理；泛滥平原沉积的泥岩通常呈块状，可能含有植物根系和钙质结核（钙结砾岩）；泥岩中还可能夹有在决口扇和洪流中沉积的、底面截然的薄层砂岩。

（5）化石：以植物化石（碎片或原地保存的植物化石）为主，还有鱼骨和鳞片、淡水软体动物化石、脊椎动物的遗迹化石，以及少量的生物居住孔穴。

（6）古水流：单向，但其分散程度取决于河流的类型：辫状河沉积的砂岩中古水流的分散程度低于曲流河沉积的砂岩。

（7）几何形态：砂体的形态变化较大，从条带状、带状到扇形。

（8）沉积相序列和沉积旋回：取决于冲积系统的类型。由于气候/构造变化，冲积扇地层一般显示总体上向上变粗或变细的粒度变化；曲流河形成向上变细、具有交错层理、厚度可达几米并且具有侧向加积面的砂岩单元，与泥岩互层。泥岩中可能含有钙结砾岩，以及在决口扇和洪流中沉积的薄层、稳定的砂岩；辫状河形成透镜状的、具有交错层理的砂岩和少量泥岩夹层（图 7-18）。

风成相的主要特点如下。

（1）沉积作用：风成砂通常出现在沙漠环境，但是也可以在海岸沿线出现。

（2）岩性：纯净的（没有基质的）、富含石英、不含云母的砂岩。此外，还有风成的碳酸盐沙丘。

（3）结构：分选和磨圆良好的砂粒（小米粒状）；砂粒可能具有冰冻的（暗淡的）外表；砂岩通常被赤铁矿染成红色；受风蚀作用的影响，砾石可能成为风棱石。

（4）构造：以大型交错层理为主（交错层组的高度为数米到数十米）；交错层的倾角可达 35°；交错层中存在再作用面和主边界面；具有由颗粒降落和颗粒流形成的纹层，以及针状条纹纹理。

（5）化石：罕见；可能出现脊椎动物的脚印和骨骼，以及植物根系。

（6）砂体的几何形态：在沙海（砂质沙漠）中，砂体呈侧向延伸广的席状；在纵向沙丘中，砂体呈长条脊状。

7.4.5 层序地层学的野外研究

虽然文献中存在几种不同的有关层序地层学的模式和许多专业术语，但是将一个地层序列划分为若干层序仍然是目前很流行的做法。然而，进行层序地层学的解释需要从整个沉积盆地获得大量的生物地层学和沉积学的信息。尽管可以从层序地层学的角度考虑一个点上观察到的信息，但是由此得出的所有设想都应当得到区域上其他点上的观察证实，或做出必要的修改。

层序地层学是根据关键界面将一个地层序列划分为体系域的。不同体系域的沉积物通常显示特定的沉积相序列，例如在海侵体系域（TST）中，水体向上变深；而在高水位体系域（HST）中，水体向上变浅。如果地层序列是由小规模的沉积旋回（准层序）组成的，那么体系域就是由准层序的堆叠样式和沉积相，以及海退和海侵的趋势决定的。因此，正常的工作流程是首先确定地层序列中与模式无关的特征，然后再运用最合适的模式对它们加以解释。

湖相的主要特点如下。

（1）沉积作用：因湖泊的大小、形态、盐度和深度不同而变化。在浅水区，波浪和风暴流起重要作用；在深水区，则可能出现浊流和湖底河流。生物化学沉淀和化学沉淀较常见。气候是湖泊沉积的主要控制因素作用。

（2）湖泊类型：永久性的、常年的和季节性的；咸水和淡水；分层的和非分层的；阶梯式的和斜坡式的边缘；碳酸盐、蒸发盐和硅质碎屑湖。

（3）岩性：多种多样的，包括砾岩、砂岩、泥岩、灰岩（鲕状的、微晶的、生物碎屑的和微生物灰岩）、泥灰岩、蒸发岩、燧石、油页岩和煤。

（4）构造：浪成波痕、干裂、雨痕和叠层石在滨湖沉积物中比较常见；由钙质石灰华和钙华组成的泉水沉积；在深水湖泊沉积中，具有韵律纹理（可能伴有脱水收缩裂缝）的泥岩与浊积流成因的、具有粒序层理的砂岩互层。

（5）化石：非海相无脊椎动物（尤其是双壳类和腹足类）；脊椎动物（足迹和骨骼）；植物（尤其是藻类）。

（6）沉积相序列和沉积旋回：反映由气候或构造事件引起的水位变化；常见的是水体向上变浅的沉积旋回，上覆暴露层或土壤层。

（7）沉积相组合：通常与河流相和风成相沉积物伴生；土壤层可能会出现在湖相层序中；出现大理岩化的灰岩和杂色的沼泽泥岩。

在层序地层学分析中，已经识别出3种基本的成因单元，它们具有特殊的堆叠样式，并且被自身的边界面分开。

正常的海退单元：前积作用是由沉积物供给驱动的，形成水体向上变浅的、前积的退覆地层。通常为高水位期和低水位期的沉积物。

强制性的海退单元（forced regressive unit）：前积作用是由基准面下降驱动的，形成阶梯状降落的、前积的退覆地层。通常为高水位期的晚期、下降阶段和低水位期的早期的沉积物。

海侵单元：后退作用是由基准面上升驱动的，形成水体向上变深的上超单元，通常为海侵体系域。

确定体系域必须先调查沉积相的样式，并且寻找上述大型的垂向和侧向变化及其相互关系。图7-15展示了一个大型的、水体向上变浅的碳酸盐沉积序列，其中碳酸盐单元的厚度向上增大，顶部出现厚度约为100m的块状灰岩。整个沉积序列可能属于由前积作用形成的高水位体系域。

关键界面具有与众不同的、在野外可以观察到的沉积学特征,并且构成体系域的分界面。值得一提的是,必须在大范围内而不是一个露头上来分析一个沉积序列的层序地层,并且要结合区域沉积学和生物地层学,以及沉积单元之间的关系(如上超、下超等)来分析,以确保解释的现实性和合理性。

土壤相的主要特点如下。

(1)沉积作用:成土作用可以发生在出露的层位中,也可以发生在不整合面以及旋回和层序的边界面上。

(2)岩性:灰岩(钙结砾岩/钙结岩)、白云岩、泥岩(耐火黏土、根土岩)和岩溶角砾岩。

(3)结构:大多数为细粒的,也有豆状的、球粒状的、斑状的和大理岩化的。

(4)构造:块状、纹层状、结核状、内碎屑、根状结核、席状裂缝、圆锥形构造、古岩溶面、壶穴/孔洞。

(5)化石:植物(特别是植物根系)化石常见,其他化石(非海相的脊椎动物和无脊椎动物化石)罕见。

(6)几何形态:一般呈席状。

(7)沉积相序列:土壤相通常出现在旋回的顶部;曲流河旋回向上变细,三角洲和海滨线旋回向上变粗,碳酸盐旋回的水体向上变浅;在湖相地层中会出现沼泽相沉积(图7-19)。

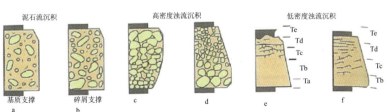

图7-19 深水沉积物中的重力流沉积:碎屑流和浊流沉积。沉积层的厚度一般为几厘米到1m,或者更厚

前第四纪冰川相的主要特点如下。

（1）沉积作用：冰川的类型也是多种多样的，冰川湖、冰水沉积平原、冰海大陆架和冰海盆地；冰川的沉积过程包括在移动和融化的冰川下的沉积，在融水河流、融水密度流和融水岩屑流中的沉积，以及在冰山下的沉积。

（2）大陆冰川环境：搁浅冰、冰水河、冰湖（冰前湖和冰缘湖）、寒冷气候下的冰缘相。

（3）冰川的海洋环境：海滨线、大陆架、深水相。

（4）岩性：各种复成分的、泥质支撑或砾石支撑的砾岩（混积岩和混杂岩，二者可能是冰碛岩）、砂岩、含有坠石的泥岩。

（5）结构：基质支撑的砾岩分选差，碎屑支撑的砾岩因再沉积作用而分选较好；棱角状碎屑可能具有冰川擦痕和磨蚀面，长条状砾石可能显示定向排列。

（6）构造：混积岩/冰碛岩一般呈块状，但是也可能出现某种层理；韵律式纹层状泥质沉积物（可能含坠石）比较常见；河流冰川沉积的砂岩显示交错层理、交错纹理、水平层理、冲刷构造和河道。

（7）化石：除冰海沉积物以外，一般没有化石。

（8）几何形态：冰碛岩呈透镜状或在横向上延伸较广。

（9）沉积相的序列和组合：冰碛岩、河流冰川和冰湖沉积序列是无序的，一般没有重复的层序；然而交替出现的冰川作用（冰碛岩）和冰川消失（浅海相砂岩）可能会形成沉积旋回；冰海相沉积通常与岩屑流和浊流沉积伴生（图 7-20）。

第四纪冰碛物的主要类型和沉积物特征见表 7-1。

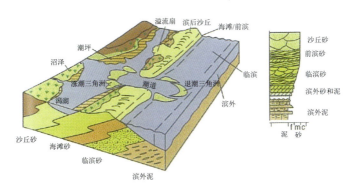

图 7-20 滨海线环境的沉积相模式以及典型的向上变粗的沉积序列

后者是在海平面相对静止的时期，由海滩/障壁滩的进积作用形成的。厚度通常在 10m 以上。f.细粒；m.中粒；c.粗粒

表 7-1 第四纪冰碛物的主要类型和沉积物特征

冰碛物的类型	碎屑组构	碎屑形态	沉积物	构造
冰面上的冰碛物	弱定向或杂乱的	一般为棱角状，新鲜	冰碛物具有成层的单元，活化后成为岩屑流	变形构造常见，包括断层和滑陷构造
冰下的冰碛物：底碛	在冰川移动方向上强定向	一般为浑圆状，被磨蚀	一般为均匀的冰碛物，具有截然的底面，延伸广	无构造或有节理
冰下的冰碛物：变形的层状冰碛物	中等定向	一般为浑圆状	均匀的冰碛物	褶皱
冰下的冰碛物：溶出的冰碛物	弱定向到强定向	一般为浑圆状	均匀的和成层的冰碛物	无构造或有层理（可能发生变形）
流动的冰碛物：上面的冰积物受到重力流的影响	弱定向到强定向	任何形状	成层的冰碛物	块状或有粒序层理和褶皱

三角洲相的主要特点如下。

（1）沉积作用：复杂；三角洲的形态有几种类型（尤其是舌状和长条状三角洲），并且存在多种三角洲亚环境（分流河道、冲积堤、沼泽、湖泊、河口砂坝、远端砂坝、分流河道之间的海湾和前三角洲斜坡）。许多古老的三角洲以河流作用为主，但沉积物由于受到海洋作用的影响而发生再沉积和再分布。

（2）岩性：以砂岩（成分由不成熟到成熟，通常为岩屑砂岩）、泥质砂岩、砂质泥岩和泥岩为主；可能还有煤层和菱铁矿质铁岩。

（3）结构：没有特色（结构由不成熟到成熟）；砂粒的分选性和磨圆度中等。

（4）构造：砂岩具有各种类型的交错层理；常见水平层理和河道；细粒沉积物中见有压扁层理和波状层理。某些沉积物含有植物根系（根土岩、致密硅岩）和菱铁矿结核。生物扰动作用和遗迹化石也很常见。

（5）化石：某些泥岩和砂岩中含有海相化石，其他岩层中含有非海相化石（尤其是双壳类化石）。植物化石较常见。

（6）古水流：主要指向海洋，但也可能平行于海岸；当波浪和潮汐引起的海洋再沉积作用比较强烈时，则可能指向陆地。

（7）几何形态：砂体的形态取决于三角洲的类型，呈带状或席状。

（8）沉积相的序列和旋回：通常由向上变粗的单元（由泥岩到砂岩）组成，并被根土岩覆盖，但是存在各种变化（尤其是在单元的顶部）。

浅海硅质碎屑相的主要特点如下。

（1）沉积作用：发生在各种各样的环境和亚环境中（潮坪、海滩、障壁岛、潟湖、临滨、近岸到滨外的陆棚）。波浪、潮汐和风暴流起主要作用。

（2）岩性：砂岩（成分成熟或极成熟，如石英砂岩）、泥质砂岩、砂质泥岩、泥岩，以及薄层砾岩；有时见有海绿石和绿砂。

（3）结构：没有特色，但砂岩通常具有成熟或极成熟结构。

（4）构造：砂岩具有交错层理、鱼骨层理、再作用面、水平层理、浪成波痕、流水波痕、压扁层理和泥盖；由风暴浪形成的砂岩具有丘状交错层理（HCS）和凹状交错层理（SCS）；由风暴流形成的薄层砂岩具有粒序层理；泥岩可能含有黄铁矿结核；生物扰动作用和各种遗迹化石比较常见。

（5）化石：海洋动物群的多样性取决于海水盐度、紊流水平和底基等因素。

（6）古水流：多变的；平行或垂直于海岸线；单向、双向或多向水流。

（7）几何形态：在障壁或海滩上形成的砂体呈线状延伸，而在广阔的陆表海台地上形成的砂体则呈席状展布。

（8）沉积相序列和旋回：变化很大，主要取决于沉积环境和海平面的升降；海滨线的进积作用形成向上变粗和水体变浅的沉积单元。

（9）沉积相组合：灰岩、铁岩和磷酸盐岩可能会出现在硅质碎屑相中。

7.4.5.1 层序地层的界面

在层序地层学中，关键界面包括不整合面、可对比的整合面、海侵面（ts，即 TST—海侵体系域的底面），以及最大海水泛滥面（mfs，是将 TST 与 HST/RST 分开的界面；RST 为海退体系域）。凝聚段（Condensed Section，CS）也很重要，它是最大海水泛滥面的远端（盆地方向）同期地层，通常包括 TST 的上部和 HST（高水位体系域）的下部。

不整合面是一个独特的界面，通常为重要的侵蚀面和延伸很广的暴露面（如古岩溶面或古土壤层），一般会出现生物地层的缺失，并且下伏地层可能会被不整合面切割。不整合面上下通常会出现重大的和突然的相变。

根据海平面与陆架坡折带之间的动态关系以及沉积物的特征，可将层序界面划分为Ⅰ型界面和Ⅱ型界面，物理上表现为相对连续的整合面或相对短暂的不整合面。Ⅰ型界面以河流回春作用、沉积相向盆地方向迁移、海岸上超的向下转移，以及与上覆地层相伴生的陆上暴露和同时发生的陆上侵蚀作用为特征，系全球海平面相对下降所致；Ⅱ型界面以沉积滨线坡折带向陆地方向的陆上暴露、上覆地层上超和海岸上超的向下迁移为特征，是由于全球海平面下降速度小于沉积滨线坡折带处盆地沉降速度的结果。

层序界面可能仅存在于一个区域性的海盆范围，也可能与其他盆地中的层序界面存在相关性。

深海硅质碎屑相的主要特点如下。

（1）沉积作用：主要是通过浊流、岩屑流、等深线流和悬移作用，发生在海底斜坡、海底扇、海底裙和各类海洋盆地中。

（2）岩性：以砂岩（成分不成熟或成熟，主要为杂砂岩）和泥岩（半深海的）为主；也有少量砾岩和含砾泥岩。

（3）结构：没有特色；砂岩可能会富含基质；砾岩主要为基质支撑，是由岩屑流沉积形成的。

（4）构造：浊积砂岩具有粒序层理（砂岩与泥岩互层），显示鲍马序列（图7-21～图7-24），底面印模较常见，厚度为5～100cm；有些砂岩呈块状。由等深线流沉积形成的泥质粉砂岩和砂质粉砂岩具有渐变过渡的上下界面，下部为反粒序，上部为正粒序并被生物扰动，有时出现交错纹理，厚度为

10~30cm。半深海泥岩具有薄层纹理或被生物扰动。此外，还有河道（规模也许较大）、滑陷构造和脱水构造。

（5）化石：泥岩主要含有深海化石；与泥岩互层的砂岩可能含有来自浅水的化石。

（6）古水流：在浊积砂岩中是多变的，可能顺斜坡向下流动，也可能沿着盆地轴流动；最好在底面印模上测量古水流的方向。

（7）沉积相序列和旋回：浊积岩序列中可能含有向上变粗和变厚的砂岩层，也可能含有向上变细和变薄的砂岩层。

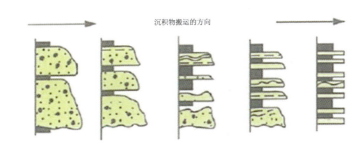

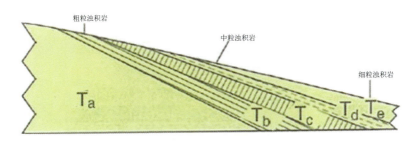

图 7-21 浊积岩的垂向和横向变化

图7-22 寒武纪浊积岩(成层性良好的、比较薄的岩层)和巨砾层(厚3m)(摄于加拿大纽芬兰岛)

图7-23 泥盆系浊积岩

可以分为A、B、C 3个部分,下部呈块状(A),中部为细粒的平行纹层(B),上部为卷积层(C)。浊积岩为生物碎屑灰岩,厚度为25cm(手标本采自英格兰西南部)

图 7-24 晚二叠世碳酸盐浊积岩

显示自下向上厚度变薄，剖面高度为 30cm（摄于英格兰东北部）

浅海碳酸盐相的主要特点如下。

（1）沉积作用：发生在各种各样的环境和亚环境中，潮坪、海滩、障壁、潟湖，近岸到滨外的陆棚和台地、陆缘大陆架、海底沙质浅滩和生物礁（尤其是位于陆棚边缘的生物礁和斑礁）。虽然波浪、潮汐和风暴流的物理作用也很重要，但生物作用和生物化学作用是影响沉积物的形成和沉积的主要因素。具有陡峭边缘的碳酸盐陆棚以生物礁和砂岩为主（图 7-25），而平缓的碳酸盐斜坡则以海滨砂岩、滨外泥岩和风暴层为主（图 7-26）。

（2）岩性：出现许多不同类型的灰岩（尤其是鲕状灰岩、骨骼碎屑粒状灰岩、骨骼碎屑泥粒灰岩 - 粒泥灰岩、黏结灰岩），以及白云岩。灰岩可能会发生硅化。蒸发岩（尤其是硫酸盐或其交代产物）可能与灰岩伴生。

碳酸盐镶边陆架			斜坡	盆地
陆上	受护陆架	最大波浪活动区	基本浪基面之下	
潮上碳酸盐	潟湖和潮坪碳酸盐	生物礁和碳酸盐砂体	再沉积的碳酸盐	页岩/远洋灰岩
泥岩	粒泥灰岩—泥岩	黏结灰岩/粒状灰岩	粒状灰岩/砾状灰岩/悬粒灰岩/粒泥灰岩	泥岩

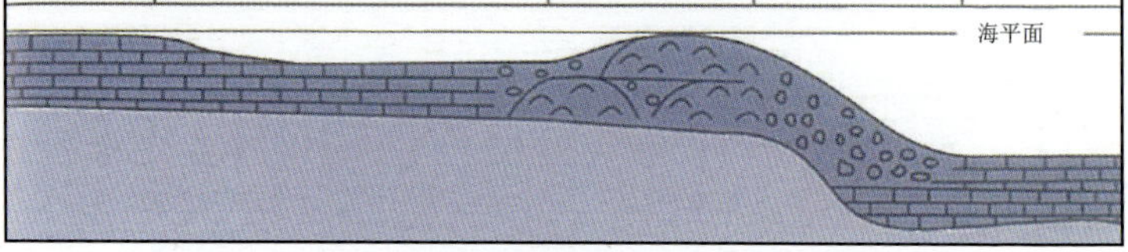

图 7-25　碳酸盐陆棚环境的沉积相模式

碳酸盐斜坡			
内坡		中坡	外坡
受护陆架/陆上	波浪为主	基本浪基面之下	风暴浪基之下
潟湖—潮坪—潮上碳酸盐岩、盐沼蒸发岩、古土壤和古岩溶	海滩—障壁/海滨平原/沙滩、斑礁	薄层灰岩、风暴沉积土泥丘	页岩/远洋灰岩
泥灰岩	粒状灰岩	粒状灰岩/浮石/泥灰岩	泥岩

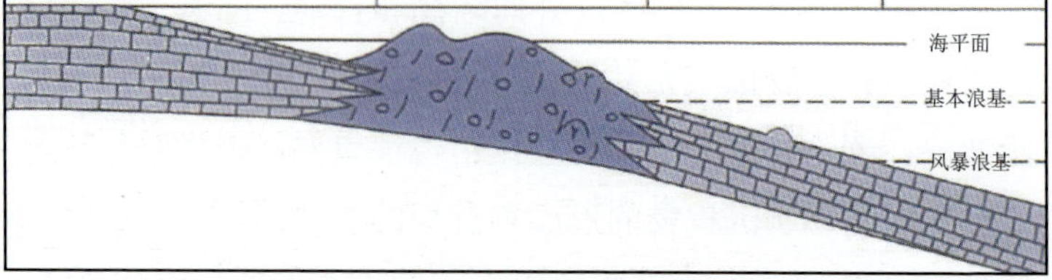

图 7-26　碳酸盐斜坡环境的沉积相模式

（3）结构：多样。

（4）构造：多样，包括交错层理、波痕、干缩裂缝、叠层石、微生物纹层岩、窗孔构造、层状孔洞构造和缝合面；礁灰岩呈块状、不成层，并且含有许多原地保存的生物化石。

（5）化石：在正常盐度的浅海碳酸盐相中，种类繁多且化石丰富，而在高盐度或低盐度的浅海碳酸盐相中，则种类有限且化石罕见。

（6）古水流：方向多变，平行或垂直于海滨线。

（7）沉积相序列和旋回：多种类型，但向上变浅的米级沉积旋回在台地序列中比较常见。

下切谷的填充物（IVFs）通常与不整合面有关。下切谷为主要的线性河谷是在容纳空间减小时（强制性海退/水位下降阶段）向下切割的，然后在低水位期和后续的海侵期被充填的。下切谷的填充物具有一个截然的底面，其下切深度为数米到数十米；粗粒的河流碎屑物将充填在下切谷的下部，往上变为细粒的港湾和海相砂岩。

此外，在碳酸盐岩地层中还可以见到另一种不整合面——淹没不整合面，表现为深水相沉积岩覆盖在浅水相灰岩之上。碳酸盐岩台地的表面在被淹没之前可能是暴露在地表的，这样就形成了古岩溶。淹没面可能会被矿化，或具有一个由磷酸盐形成的包壳。

深水碳酸盐相和其他深海相的主要特点如下。

（1）沉积作用：发生在深水陆表海、外陆棚和台地、海底斜坡、不同类型的盆地，以及盆地区的隆起和斜坡区；主要为悬浮物质的沉积作用，以及再沉积作用。

（2）岩性：深海灰岩通常是细粒的，其中的化石以深海动物群为主；浊积灰岩为细粒-粗粒的，主要是由浅水化石碎屑或鲕粒组成的；与燧石、磷灰岩、铁锰结核，以及半深海泥岩相伴生。

（3）构造：深海灰岩呈结核状，常见硬底、席状裂隙、水成岩墙和缝合面；浊积灰岩为粒序层理和其他构造（底面和内部构造），但发育较差；层状燧石呈纹层状，可能具有粒序层理。

深海沉积岩可能发育有滑陷褶皱和角砾岩。

（4）化石：以深海化石为主；浊积灰岩含有来自浅水的化石。

（5）沉积相序列和旋回：没有典型的层序；深海相可能位于浊积序列之上或之下，或者与台地碳酸盐岩相伴随。深海相可能与火山碎屑岩和枕状熔岩伴生。常见由富泥/贫泥灰岩或灰岩/泥岩互层形成的、亚米级的韵律。

火山碎屑相的主要特点如下。

（1）沉积作用：发生在地表和海底（浅水或深水）；主要为火山碎屑降落和火山碎屑流沉积（如熔结凝灰岩和火山泥流沉积）；火山灰可能会受到波浪、潮汐、风暴和浊流的改造并发生再沉积。

（2）岩性：凝灰岩、火山砾岩、集块岩和角砾岩。

（3）结构：多样化，包括熔结凝灰岩中的熔结结构和火山泥流沉积岩中的基质支撑结构。

（4）构造：包括空降凝灰岩中的粒序层理、再沉积的凝灰岩（表生碎屑岩）中由水流和波浪形成的构造，以及由火山碎屑流沉积的凝灰岩中的平面交错层理。

（5）化石：存在，但罕见。

（6）沉积相序列：发育良好的火山喷发单元可能显示空降凝灰岩被火山碎屑流沉积覆盖，后者又被细粒的空降凝灰岩覆盖。

（7）沉积相组合：海底火山碎屑岩通常与枕状熔岩、硅质岩和其他深海沉积岩相伴生。

7.4.5.2 海侵面（TS）

由海侵面分隔的上下地层通常会显示重要的相变，即从下伏地层的浅水相或陆相变为上覆地层（可能侧向延伸很广）的深水相，反映了水体变深、海平面相对上升以及容纳空间增大。海侵面（又被称为最大海退面或海侵冲刷面）是横跨陆棚的、最重要的海水泛滥面（图 7-27）。滞留沉积物（砾石层、骨骼层和化石富集层）可能会出现在海侵面上。海侵面通常为截然的界面。海侵面之上的沉积物可能含有新的化石物种，并且反映了自下而上水体变深的总体趋势。

图 7-27　白垩纪盆地相泥岩中，出现由台地边缘崩塌形成的、米级浅水灰岩岩块组成的巨角砾岩（摄于法国阿拉维山）

7.4.5.3　最大海水泛滥面

最大海水泛滥面应当出现在最深的水体中，因为它代表了海侵最大时期。它通常是最重要的海水泛滥面，但不一定是一个层理面，而可能是一个沉积层（如几米厚的、富含生物的层位）。强烈的生物扰动可能出现在最大海水泛滥面上，表明当时的沉积速率比较低。海绿石和磷酸盐也可能出现在那里。

在沉积盆地的远端部位，即海侵体系域的上部、最大海水泛滥面和高水位体系域的下部可能都是由一个凝聚段来代表的，这是沉积序列中的沉积物饥饿部分。因此，它可能是一个强烈的生物扰动层、一个由海底胶结形成的硬底或一个富含有机质的泥岩层。沉积物可能被矿物（如海绿石、磷灰石、磁绿泥石/鲕绿泥石或黄铁矿）浸染。凝聚段可能具有独特的颜色，并且在大范围内是可以对比的。

如何将沉积相指定为特定的体系域，取决于前面谈到的关键界面的识别、沉积相本身的性质，以及它们在关键界面之间的垂向和侧向变化。如果沉积序列是由米级沉积旋回组成的，那么关键界面可能不是出现在一个层位中，而是出现在几个沉积旋回（准层序）中，这些沉积旋回的特征和堆叠样式发生了改变。

8 沉积盆地分析

8.1 沉积盆地的基本概念

沉积盆地是地球表面或岩石圈表面长时期相对沉降的区域，换言之，是基底面相对于海平面长期洼陷或坳陷，并接受沉积物充填的地区。沉积盆地既可以接受从物源区搬运来的沉积物，也可以充填相对近源的火山喷发物质，当然也接受由原地化学、生物及机械作用形成的沉积物。因此，沉积盆地既可以是大洋深海和大陆架，也可以是海岸、山前和山间地带。从构造意义上来说，沉积盆地是地表相对下降的地区；相反，地表除沉积盆地以外的其他区域都是遭受侵蚀的剥蚀区，即沉积物的物源区，这种剥蚀区是构造上相对隆起的地区。隆起区遭受剥蚀，剥蚀下来的物质向沉积盆地迁移，并在盆地中堆积下来，这实际上就是一种均衡调整（或称补偿）作用。

8.2 沉积盆地的分类

我国和世界的油气勘探实践证实，不同的地球动力学背景和构造作用过程形成不同类型的盆地。而不同类型的盆地，其含油气的丰度及金属矿产的品位是有差异的。因此对沉积盆地进行合理的、科学的分类是研究矿产成因、类型、特点及分布规律的基础，对矿产普查与勘探具有重要的指导意义。

20世纪40年代以来，人们就开始了盆地的分类工作。板块学说问世以后，以此为基础的分类方案不断涌现。在板块上的位置有克拉通内、克拉通边缘、洋中脊等。

目前广泛采用的盆地分类方案主要有两种：一种是以现今盆地的基本特征与板块构造背景的关系为依据，将盆地划分为克拉通盆地，陆内、陆间裂谷盆地，被动大陆边缘盆地，弧前、弧后盆地，前陆盆地和走滑盆地等。该方案反映的是盆地的地貌、构造形态和板块构造背景。另外一种是以盆地形成的地球动力学特征为依据,将盆地划分为张性(伸展)、压性(挠曲缩短)和与走滑作用有关的(扭性)盆地。该方案突出的是盆地形成过程中的应力状态和地球动力学特征。本书采用 Miall(1984)的盆地分类方案,将盆地划分为 5 种类型(表 8-1):离散型板块边缘盆地、汇聚型板块边缘盆地、走滑(转换)型边缘盆地、与碰撞造山有关的盆地和克拉通盆地。

表 8-1　盆地分类(据 Miall,1984)

盆地背景	盆地类型	
离散型板块边缘盆地	裂谷盆地	陆内裂谷盆地
		陆间裂谷盆地
		夭折裂谷盆地
	大洋盆地	大西洋盆地
	被动边缘盆地	
汇聚型板块边缘盆地	海沟和消减作用复合盆地	
	弧前盆地	
	弧间和弧后盆地	
	弧背前陆盆地	
走滑(转换)型边缘盆地	走滑拉张盆地	
	走滑挤压盆地	
	拉分盆地	
与碰撞造山有关的盆地	前陆盆地	
	残留洋盆地	
克拉通盆地	克拉通盆地	

8.3　离散型板块边缘盆地

从板块构造动力学角度出发,板块的 3 种主要运动形式中与拉张(或离散)运动有关的盆地,统称为拉张型(或离散型)盆地。就板块构造位置而言,拉张型盆地主要有板块内部及克拉通内部的裂谷盆地、大陆板块被动边缘盆地,以及板块内部的大洋盆地。

8.3.1 裂谷盆地

裂谷盆地是由地壳断裂作用产生的、伴有火山活动和地震活动的断陷带。裂谷发育的早期阶段主要为陆相或海相碎屑沉积，在发育高峰期出现双峰式火山岩建造与深水浊积岩建造，后期可能出现蒸发盐沉积。裂谷盆地可以进一步划分为陆内、陆间和夭折3类裂谷盆地。它们的共同特征如下：主要由陆源碎屑沉积岩和碳酸盐岩组成，一般下部以陆源碎屑浊流沉积为主，夹少量富碱或双峰式火山岩，中部含大量碳酸盐岩，上部以陆源碎屑岩为主。裂谷盆地通常为水体向上变浅的沉积序列，重力滑塌沉积发育，厚度巨大，可划分出以粗碎屑为主的裂谷边缘带和以细碎屑为主的裂谷中央带。

陆内裂谷盆地：大陆内部由大断裂限定的张性裂谷称为陆内裂谷。陆内裂谷盆地边缘较陡、地势较高；沉积物易被搬运离开盆地本地，因而沉积盆地处于相对饥饿状态；碎屑来源于邻近的断层陡崖和裂谷中的隆升地块，并沿裂谷中的少数河道搬运、沉积。因此，在地表主要表现为淡水和咸水的冲积扇和湖泊沉积，如东非裂谷和莱茵地堑。陆内裂谷盆地通常具有壳－幔镜像倒影关系的特征，即盆地区地壳厚度薄且发育壳内低速层或异常地幔，具有负布格重力异常或正布格重力异常峰值、负磁力异常和高电导异常及高热流值。

陆内裂谷盆地的充填序列：我国东部中新生代陆相湖盆的沉积演化，普遍具有红—黑—红和粗—细—粗的整体特征。底部为初始裂陷阶段的红色类磨拉石粗碎屑岩（部分包括火山岩或火山碎屑岩），主要反映冲积环境的沉积；向上突变为整体向上变粗，含有若干个小旋回的、以暗色细碎屑岩为主体的湖盆沉积（局部发育受断裂控制的断崖扇体）；上部为坳陷阶段，由红色中—粗粒碎屑岩构成浅湖相－河流相的填平补齐阶段的沉积。陆内裂谷也可发育比较单一的玄武岩,如上扬子陆块晚二叠世峨眉山玄武岩裂谷事件,以发育大陆溢流玄武岩为特征。

陆间裂谷盆地:大陆在拉张作用下完全开裂,地幔物质上涌形成新的洋壳,盆地区发育准大陆型或准大洋型过渡壳,裂谷轴部已位于洋壳之上,并成为典型的初始分离板块边界(图 8-1)。典型的陆间裂谷是红海,它们是克拉通内部裂谷发展的产物,主要发育红层、熔岩和蒸发岩,还有碳酸盐岩。

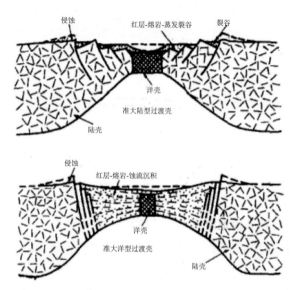

图 8-1　陆间裂谷演化示意图(据 Dickinson,1974)

陆间裂谷的充填特征:早期是陆内裂谷的产物,接受河流携带的粗碎屑沉积物;中期为湖泊相的泥岩、碎屑岩和蒸发岩组合,这些都是尚未真正拉开成洋阶段的沉积序列;当拉张作用加强,洋壳出现时,在减薄的过渡壳上发育海陆交互相和海相泥岩、碎屑岩、蒸发岩、火山碎屑岩,并伴生有玄武岩、辉绿岩和辉长岩。

夭折裂谷盆地:夭折裂谷盆地(或称坳拉谷盆地)是指从克拉通边缘楔入克拉通内部,以断层为边界的槽地或地堑,是尚未发育成熟的裂谷带。按照板块构造的观点，它是在特定条件下被废弃的裂谷。较常见的是，三叉裂谷中的两支继续扩张，形成陆间裂谷，并且可以进一步发展成大西洋型的洋盆；而另外一支则在某个阶段停止了扩张活动，成为废弃裂谷或夭折裂谷。当邻近的洋盆关闭并转换成褶皱造山带时，坳拉谷便残留在大陆上，进一步接受来自褶皱带的沉积物。Dickinson认为，在裂谷的初期和早期阶段，坳拉谷主要接受火山熔岩和以断层控制的断崖扇沉积，物质的总体搬运方向为沿裂谷的轴部向大洋搬运，当临近的大洋关闭后，物源则来自造山带，并向克拉通方向搬运。

8.3.2 被动大陆边缘盆地

被动大陆边缘盆地一般经历了早期的裂谷阶段，当裂谷演化为真正的被动大陆边缘盆地时，便发育从冒地斜沉积棱柱体到大陆堤盆地，从裂谷盆地楔状体沉积到被动大陆边缘沉积。被动大陆边缘盆地的主要沉积物是海相碳酸盐岩和碎屑岩，在大河注入的海洋区域可以发育三角洲的深海扇。

8.3.3 大洋盆地

大洋盆地位于大陆坡以下、水深为4000～6000m的深海底，具有大洋型地壳。它包括中央海岭、海山、深海平原、深海丘陵等地形。沉积物包括含有放射虫和抱球虫等微体生物的软泥、红粉土以及浊流携带的硅泥质建造和宇宙尘等。开阔大洋发育MORB型蛇绿岩，被称为MORB型洋盆。大洋盆关闭后，MORB型蛇绿岩洋壳残片和与其共生的岩石建造，以蛇绿构造混杂岩的形式存在于造山带。

8.4 汇聚型板块边缘盆地

与汇聚板块边缘有关的盆地分为两种情况（图8-2a和图8-2b、c），盆地命名主要考虑了盆地与火山弧的相对位置

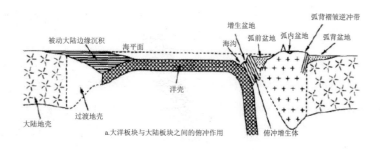

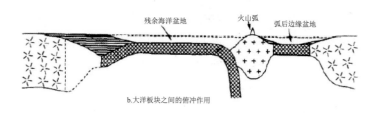

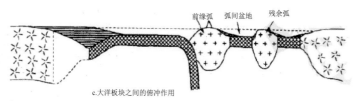

图 8-2　与汇聚板块边缘有关的盆地类型及其构造位置（据 Dickinson，1976）

（Dickinson，1976）。在大洋板块与大陆板块汇聚的弧－沟体系中（图 8-2a），俯冲带所在的位置通常很深，称为海沟。在海沟靠弧一侧，由于俯冲板块的低角度俯冲作用刮削下来的洋底或海沟沉积物，堆积成俯冲增生体（俯冲杂岩、楔状体、外弧），在增生体内部通常形成增生盆地（accretionary basin）或称为斜坡盆地（slope basin）。弧－沟体系的沉积盆地以位于火山弧与俯冲增生体之间的弧前盆地（forearc basin）为主，其基底可能是大洋地壳或大陆地壳，或兼有两种地壳。在火山弧的内部有时发育弧内盆地，主要接受来自火山弧的沉积。由于弧前地区的俯冲动力作用，在弧后的大陆地壳表层，通常会形成弧背褶皱逆冲带（backarc fold-thrust belt），并在其前缘形成弧背盆地（retroarc basin）或称弧后前陆盆地。对于大洋板块之间的俯冲作用（图8-2b），在弧-沟体系的弧前地区有海沟发育，但由于弧体规模通常较小，有时不发育弧前或增生盆地；在弧体与大陆板块之间的弧后地区，通常形成弧后盆地（backarc basin）或弧后边缘盆地（backarc marginal basin），也被称为边缘海盆地（marginal sea basin）。当俯冲带向大洋方向迁移时（图8-2c），先前的弧体停止活动，成为残余弧（remnant arc），而新生的火山弧则称为前缘弧（frontal-arc），两个弧体之间的盆地称为弧间盆地（interarc basin）。

8.4.1 海沟

海沟是大洋板块向下俯冲的位置，是位于外脊与俯冲增生体或弧体之间的深渊（图8-3）。海沟靠洋方向的洋底是由热液沉积、洋壳拉斑玄武岩及其上覆的远洋沉积和火山灰组成的，绝大部分都没有陆源沉积物的堆积。地震剖面显示，大多数海沟的沉积充填物很少变形。海沟盆地是长条形的沉积盆地，其沉积物供应主要来自深海盆地一侧，并且主要为横向搬运。海沟中发育有4种类型的沉积相：海沟扇、轴向水道、非水道化的片状流和饥饿海沟；无粗碎屑物质，仅发现半远洋泥和细粒浊流沉积，也可能会有滑塌沉积。

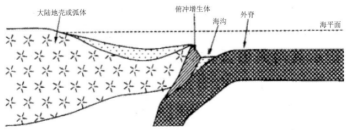

图8-3 海沟盆地的构造位置（据Dickinson，1976）

8.4.2 俯冲增生盆地

在某些海沟靠近岛弧的一侧,发育一个局部接近或升出海平面的脊,即俯冲增生体,主要是由从俯冲板块上刮削下来的洋底沉积物和海沟沉积物组成的。随着俯冲作用的加强,在增生体内部可以形成数个不连续的沉积盆地,即增生盆地(图 8-4)。盆地内的地层倾向火山弧,而构造运动方向则与之相反;地层厚度可达数 10km。俯冲增生体既是一个构造活动场所,也是一个重要的沉积场所。增生盆地形成于冲断层之间,而冲断层又是各个增生岩片的边界。沉积物主要是半远洋粉砂和泥,浊流沉积也很重要。沉积物的相组合可以分为海底峡谷组合、斜坡组合和斜坡盆地组合。

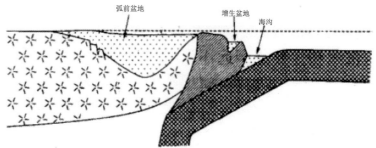

图 8-4 俯冲增生盆地构造位置(据 Dickinson,1976)

8.4.3 弧前盆地

弧前盆地是位于岛弧与俯冲带之间的盆地,是洋-陆汇聚作用的产物,基底为因俯冲增生而圈闭的残留洋壳,或者为火山弧和俯冲杂岩。盆地内部发育复理石建造,其中因碎屑成分主要来源于岛弧而含有大量的火山碎屑成分。弧前盆地可进一步划分出弧前主带、弧前斜坡和弧前构造高地。弧前主带位于俯冲带一侧,发育深水浊流和重力滑塌沉积物,火山岩夹层较多。弧前斜坡是指在俯冲早期形成于岛弧与俯冲带过渡地带内的弧前陆坡,发育海底峡谷浊积扇,含火山岩夹层,岩相及厚度变化大。弧前构造高地是指位于岛弧与俯冲带过渡地带内的构造隆起,通常发育有碳酸盐岩台地。

Dickinson 和 Seely（1979）根据汇聚板块间弧前盆地的基底特征，将其划分为弧内、残留、增生、堆叠和复合盆地 5 种类型（图 8-5）。

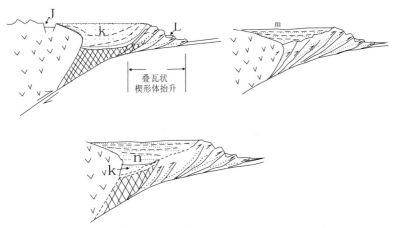

图 8-5　弧前盆地类型（据 Dickinson and Seely,1979）
J：弧内盆地；K：残留盆地；L：增生盆地；m：堆积盆地；n：复合盆地

8.4.4　弧内盆地

弧内盆地分布于火山弧内部或火山弧与弧前盆地的过渡地区，盆地沉积物不整合地覆盖于弧体岩石之上。在大陆边缘弧和某些伴生有广阔弧后盆地的大洋弧中，岛弧火山活动的显著特点是其爆发性，这是由钙碱性岩浆的高黏度和高挥发成分引起的，也是岩浆与火山口湖或海洋中的水相互作用的结果，或是喷发期后的河流、海岸或海洋中沉积物块体流的形成过程。它的堆积方式包括两种：一种受高对流喷发控制，形成广泛分布的火山灰层和火山碎屑流；另一种喷发期形成的火山碎屑物质受后期河流、海岸或海洋水动力的改造，显示出明显的沉积搬运特征。

8.4.5　弧背盆地

弧背盆地发育在弧背褶皱逆冲带的前陆地区，又称弧后前陆盆地，一般是在板块俯冲的中后期开始发育的。弧背盆地的形成和演化主要受弧背褶皱逆冲带的控制，后者也是弧背盆地的主要物源区。此外，弧背盆地还接受纵向水流带来的沉积物。

8.4.6 弧间盆地

弧间盆地是指在洋壳消减过程中，从俯冲带深处上升的岩浆及其伴生的高热流使火山弧成为构造应力场中的薄弱区，在地壳拉张的情况下，弧体发生分裂扩张形成的裂谷盆地，或者是指分布于两列或多列火山岛弧之间的盆地。弧间盆地的基底为过渡壳或洋壳。菲律宾海就是典型的弧间盆地实例。九州-帛琉和西马里亚纳海岭是两个残余弧，而马里亚纳海岭则是正在形成的岛弧，它们之间的帕里西维拉和马里亚纳两个海盆就是弧间盆地。绝大多数的弧间盆地最终会被消减掉，它们的沉积充填物保存在残余盆地中，或者成为俯冲增生体的叠瓦片或碰撞带内的推覆体。

8.4.7 弧后盆地

弧后盆地是指发育在大陆和大洋之间的过渡带，位于火山弧向陆一侧的边缘海盆，通常是由岛弧裂离后的裂谷作用和弧后扩张作用形成的。由于弧后盆地的主带具有洋壳或似洋壳的基底，因此弧后盆地也可以称为弧后小洋盆。弧后盆地主带的向陆一侧逐渐过渡到以过渡壳和陆壳为基底的弧后陆坡和弧后陆棚。

在两大板块碰撞之前，弧后盆地的反向消减（向岛弧一侧消减）导致岛弧与相邻的大陆发生碰撞，形成弧-陆碰撞带型混杂岩。例如，沿帝汶岛和新几内亚岛目前正在发生着澳大利亚大陆与班达海弧、美拉尼西亚弧的碰撞，沿台湾岛外侧正在发生着欧亚大陆与菲律宾弧的碰撞。

弧后盆地的沉积建造组合包括：非海相的沉积岩（主要为河流砂岩和砾岩）；浅海相碳酸盐岩夹风暴岩；深海相的水下扇浊积岩、碎屑流沉积岩、粉砂质浊积岩、生物成因的半远洋碳酸盐岩、异地碳酸盐沉积物、生物成因的远洋硅质沉积物和远洋泥。此外还有大量的火山碎屑岩及火山岩。沉积相分布的不对称性是弧后盆地沉积的最大特点。以弧后扩张脊为轴,靠近大陆一侧以碎屑岩和碳酸盐岩为主,主要为大陆架浅海沉积,底部往往有陆相沉积,含少量的火山物质,物源主要来自大陆。靠近岛弧一侧,主要以海底扇沉积为主,伴有大量火山碎屑物质,物源来自岛弧。沉积序列总体呈下粗上细。在盆地发育的初始阶段,形成陆相或浅海沉积。在强烈拉张阶段,地壳减薄,基底快速沉降,形成深海、半深海沉积。在岛弧一侧,陆相沉积缺乏或者很少,浅海相沉积往往与半深海－深海相沉积呈突变式接触,双层结构明显。

随着弧后盆地发展演化阶段的不同,其火山岩的组合及地球化学特征也相应发生变化。在初始拉张阶段,发育高铝玄武岩、玄武质安山岩、安山岩、英安岩和流纹岩;在持续拉张阶段(如冲绳海槽),发育岛弧火山岩和双峰式火山岩;在初始扩张阶段(如北马里亚纳海槽),以成分类似于毗邻岛弧的熔岩和玄武岩为主;在成熟扩张阶段(如中马里亚纳海槽),以标准洋中脊玄武岩和大离子亲石元素富集的玄武岩为主;在萎缩期(如日本海),以拉斑玄武岩和具粗玄结构的玄武岩为特征。

弧后盆地一般变形较弱,地层层序保留得比较完整,可以借鉴正常的地层和沉积学的调查、研究方法开展工作。通过系统的路线地质调查和地质填图,可以揭示地层的空间展布、沉积相的空间变化和充填序列以及沉积相空间分布的不对称性。通过地层中化石和微体化石的鉴定,以及火山岩同位素测年等,可以有效地确定地层的相对和绝对时代。古水流的系统测量和沉积物中碎屑成分的分类统计,可为物源区类型及其性质的研究提供依据。地层中火山岩的岩石组合和岩石地球化学特征(特别是玄武岩的岩石地球化学特征),可以为盆地性质和发展演化阶段的研究提供依据。

8.5 走滑（转换）型边缘盆地

从地球动力学角度出发，与走滑断层有关的盆地可以分为3种类型：走滑拉张盆地、走滑挤压盆地和拉分盆地（表8-2）。

表8-2 走滑盆地的基本特征

盆地类型	走滑拉张盆地	走滑挤压盆地	拉分盆地
盆地构造发育位置	走滑拉张构造带	冲断带、造山带前缘等斜向挤压部位	走滑断层的错列部位或重叠区
伴生构造	主要发育雁列式断裂。仅局部发育褶皱，褶皱轴与主位移带平行或斜交	发育走滑逆断层、逆冲断裂、褶皱构造甚至推覆构造。褶皱与断层多呈雁列式排列	发育走滑断裂，走滑正断层和正断层
控制盆地形成的主要因素	走滑与拉张双重控制	走滑与挤压双重控制	走滑
控盆边界主断裂性质	具有走滑分量的正断层	具有走滑分量的逆断层	走滑正断裂和走滑逆断层
盆地充填	盆地边缘以砾岩、（扇）三角洲、冲积扇沉积为主；中心以湖泊和浊流沉积为主；垂向上具有向上变细的退积型层序	以河流控制的冲积扇和辫状河沉积为主；具有与前陆盆地相类似的充填特征，垂向上显示向上变粗的进积型层序	与走滑拉张盆地相似
盆地扩张或收缩方向	与主走滑正断层近于垂直	与主走滑逆断层近于垂直	与走滑断裂带平行
走滑运动的沉积学表现	沉积区域与物源区错位、沉积体系的侧向迁移或侧向重叠、多沉积中心的产生和沉积中心侧列、古水流和现代河流发生规律性的偏移等		

8.5.1 走滑拉张盆地

走滑拉张盆地的形成和演化受拉张和走滑的双重机制控制。它们既具有张性盆地的特征，又具有走滑盆地的特征。走滑拉张盆地可以发育在多种板块构造背景中，包括转换、离散和聚敛板块边界，拉张和收缩大陆环境，以及远离强烈变形区的板块内部。盆地通常发育于走滑拉张构造带内，走滑断裂具有明显的拉张分量（走滑正断层），主位移带和相邻的伴生构造以拉张作用为主。

在平面上，走滑拉张盆地一般呈狭长的带状，盆地的延伸方向平行于控盆边界断裂的走向。在剖面上，它们通常为单断箕状盆地（半地堑）或双断地堑盆地（图8-6）。陆相走滑拉张盆地以湖泊沉积为主，具有双向充填和多点物源供给的特征。当盆地为单侧受主干断裂控制的半地堑时，其沉积和沉降中心均偏向于该主干断裂（在地貌上为一陡坡）一侧，沿这一侧常形成以山麓、山崩和泥石流为主的冲积扇和砾岩（图8-6）。冲积扇、陡坡型扇三角洲或砾岩带通常呈狭窄的带状，沿主控盆断裂分布。陡坡侧的冲积扇外观上小且陡，从很多地方涌出来的碎屑物可以直接进入各种深度的湖泊中。陆上碎屑流沉积，在横向上可以变为水下碎屑流沉积。在与控盆边界主断裂相对的盆地另一侧，常发育缓坡型（扇）三角洲或以河流为主的冲积扇，多数沉积物都是从这一侧进入盆地的。盆地中心以湖泊沉积和浊流沉积为主，湖泊相与盆地边缘的冲积扇呈指状穿插，快速相变（图8-6）。

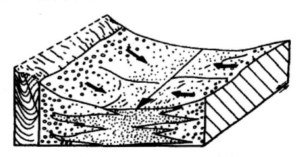

图8-6 苏格兰上老红砂岩原型盆地和盆地充填（据Bluck，1980）

图中箭头指示盆地充填方向

8.5.2 走滑挤压盆地

走滑挤压盆地是在走滑和挤压联合作用下形成的盆地。这类盆地类似于前陆盆地，其沉降受岩石圈挠曲产生的负荷作用的影响（Christie-Blick 等，1985）。走滑挤压盆地的一侧与造山带或冲断带、推覆带相毗邻，盆缘断裂带常为逆冲断裂，并伴有明显的走滑分量。与之相对的另一侧有发育断裂的，也有不发育断裂的。当有断裂发育时，通常为走滑断裂或走滑逆断层。在两条断裂之间发育的走滑挤压盆地在平面形态上常呈长条状或楔状。走滑挤压盆地的控盆断裂为走滑挤压断裂（走滑逆断层）。盆地的挤压方向与控盆断裂呈大角度斜交，走滑作用主要沿平行于控盆断裂的方向发生。

走滑挤压盆地的沉积常以河流控制的冲积扇和辫状河流沉积为主，但有些盆地也有湖泊沉积。走滑挤压盆地具有双向充填特征，紧靠主断裂带一侧为冲积扇沉积，扇的规模相对较大，碎屑物质的搬运方向垂直于控盆断裂而指向盆地轴部。在盆地的另一侧，发育规模较小的河控冲积扇，古水流流向指向盆地轴部。盆地轴部为河流相或湖泊相沉积，古水流流向与盆地轴向一致。走滑挤压盆地的压性特征在盆地充填上与前陆盆地相似，垂向上显示出向上变粗的进积型层序。随着盆缘造山带不断冲断隆升，与之相邻的盆地边缘部分卷入冲断带，成为物源区。

8.5.3 拉分盆地

拉分盆地是走滑构造带中的一种重要盆地类型。它们是在走滑断裂相互重叠或错列的部位，由走滑位移引起的纵向拉张作用所产生的构造坳陷。在板块边缘和板块内部都有拉分盆地的分布。盆地的主要构造包括边界走滑断裂、边界正断层（与边界走滑断裂成大角度相交），以及盆地内部的走滑断裂或走滑正断层（与边界走滑断裂成小角度相交），这三者共同控制了拉分盆地的发展和演化。

拉分盆地的形态和规模主要取决于两条边界走滑断裂之间的间距和重叠量。成熟期的拉分盆地常呈菱形，它们是在"S"形或"Z"形盆地的基础上，由于边界走滑断裂的水平位移量的增大而发展起来的。一般说来，当拉分盆地的长宽比约等于3时，拉分作用便趋于停止，盆地内部的走滑正断层将边界走滑断裂贯通起来，拉分盆地趋于消亡。拉分盆地以冲积扇、河流相和湖相沉积物为主，也可以出现海相沉积。在某些拉分盆地中可能发育多个被水下隆起所分隔的深渊或凹陷。

8.6 与碰撞造山有关的盆地

与碰撞造山有关的盆地主要包括两种类型：前陆盆地和残留洋盆地。前陆盆地是由于造山带和山链的发育并向陆迁移，而在克拉通边缘形成的箕状凹陷，它们相对于造山带来说，处于前陆位置，是大陆碰撞及缝合期间发育的盆地，属挤压型盆地。残留洋盆地是在洋陆转换时期，在洋陆结合带的靠陆一侧，稍早于前陆盆地或与前陆盆地同步发育的、以浊积岩建造为主的盆地。

8.6.1 前陆盆地

前陆盆地内部可进一步划分出楔顶、前渊、前缘隆起和隆后带（图8-7）。在整个前陆盆地系统内部，前渊的沉积厚度最大，向造山带和克拉通方向减薄。

前陆盆地通常划分为周缘前陆盆地和弧后前陆盆地（图8-8）。周缘前陆盆地与A型俯冲作用有关，形成于造山带前缘的俯冲板块之上，是在洋壳俯冲、洋盆关闭，并发生陆-陆碰撞或陆-弧碰撞时，由俯冲陆块一侧的被动边缘转化而来的构造挠曲类盆地，其底板为被动陆缘的陆壳（图8-8a）。早期以深水细碎屑复理石为主，晚期以浅水相粗碎屑的磨拉石为主。盆地轴向往往与主构造方向一致。弧后前陆盆地与"B"形俯冲作用有关，位于仰冲板块的主动陆缘岩浆岛弧的后面。它是在洋壳俯冲消减，并发生弧－陆碰撞时，在岛弧造山带的后缘形成的构造挠曲类沉积盆地（图8-8b）。岩石组合以火山－沉积组合为特征。

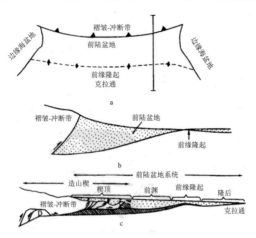

图 8-7　前陆盆地系统的剖面形态和结构（据 Decelles et al, 1996）

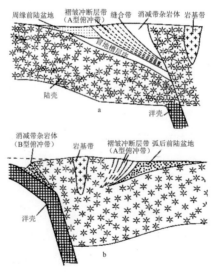

图 8-8　前陆盆地的两种成因类型（据 Dickinson,1974）
a.周缘前陆盆地；b.弧后前陆盆地

物源具有双向性，靠弧一侧为火山碎屑岩，靠陆一侧以陆源碎屑物为主。前陆盆地的充填物一般为陆源碎屑岩（包括巨厚的海相至陆相沉积物），缺乏碳酸盐沉积；下部沉积岩系与造山带主造山幕同龄，上部沉积岩系为冲断和抬升的产物，其间多以角度不整合面为界。沉降曲线具有环、陡两段，早期一般较缓，晚期较陡，并且为上凸型构造沉降曲线类型。沉降速率一般比被动大陆边缘、裂谷和克拉通盆地的沉降速率大，并且具有自中心向盆缘递增的趋势，沉降中心和沉积中心不一致。前缘隆起是前陆盆地的重要组成部分，它是岩石圈受上叠地壳加载的影响，在克拉通一侧发生均衡挠曲的结果，向上挠曲的程度与冲断体的规模和前陆盆地沉降中心的下沉幅度成正比。沉积充填物一般具有双物源，并具有明显的不对称性，主要物源来自冲断带，次要物源来自克拉通。物源供给形式主要受与冲断造山有关的地形起伏影响。前陆盆地一般为冷盆，缺乏区域性火山活动。构造样式主要为薄皮推覆构造和双重构造，以及背冲和对冲式基底卷入型逆冲断层等。

8.6.2 残留洋盆地

残留洋盆地中充填巨厚的浊积岩，物源一般来自相邻的缝合带。盆地的发育往往受不规则状大陆边缘控制，部分接点部位可能已转化为早期复理石前陆盆地，而部分海湾部位仍为残留洋盆所占据。孟加拉湾被认为是现代残留洋盆地的典型代表，盆地中沉积了世界上最大的碎屑沉积体系。但它在横向上逐渐过渡为介于喜马拉雅山脉与印度大陆之间的前陆盆地，显示了两种盆地类型在形成时间上具有继承性，在空间分布上具有过渡性。显然残留洋盆地与前陆盆地都是在两个板块碰撞的后期形成的，两者具有成因联系。与前陆盆地不同的是，在残留洋盆地中存在构造挤入的洋壳碎片，如玄武岩、超基性岩和辉长岩等。

8.7 克拉通盆地

Sloss 等（1988）把克拉通定义为具有厚层大陆地壳的广大区域，在几百万年至几千万年中其位置保持在海平面附近的几十米范围内，因此任何表现为克拉通性质的地块都应当被称为克拉通。杨森楠等（1985）对克拉通的定义较为严格，仅指具有前寒武纪基底的地盾和地台，因而克拉通盆地仅指位于前寒武纪结晶基底之上的盆地。王成善等（2003）将克拉通盆地定义为所有发育在克拉通之上并接受沉积的盆地，特别包括位于长期保持稳定、仅有微弱变形的基底之上，或位于早期裂谷及其他类型盆地之上的沉积盆地。

现今的克拉通盆地在全球分布十分广泛，它们位于陆壳或刚性岩石圈之上。由于克拉通盆地在地球历史中长期存在，并且具有复杂的成因机制，因此它们是研究地球动力学演变的重要依据。同时，克拉通盆地中含有丰富的油气资源，其油气储量约占全球油气储量的 1/4，因此它们是经济上极其重要的一种盆地类型。克拉通盆地的平面形态多种多样，平面和剖面轮廓不规则，但长宽比一般为 1∶1～2∶1。面积可大可小，从 $11 \times 10^4 km^2$（巴黎盆地）到 $350 \times 10^4 km^2$（西西伯利亚盆地）不等。克拉通盆地在剖面垂上一般呈碟盘状，显示了盆地的不对称性和基底的不平整性（图 8-9）。

克拉通盆地中的沉积物充填较薄，多为缓慢下沉在基底之上的浅水沉积。盆地基底的沉降通常表现为多阶段性，沉降速度较低。克拉通盆地（特别是位于稳定大陆板块之上的内克拉通盆地），通常以大面积的浅海-滨海相（可能还有一部分海陆交互相）沉积为主。此外，由于处于构造较稳定的环境，沉积物的形成速度十分缓慢，形成宽而薄的席状砂体，横向上相变不明显，表现出沉积中心与盆地沉降中心基本一致的特征。沉积物以稳定型的内源沉积和陆源沉积为主。内源沉积岩以碳酸盐岩为主,其分布与沉积环境的水动力条件密切相关。陆源碎屑沉积岩以石英砂岩为主,石英砂岩的结构成熟度和成分成熟度都较高,其中常见代表稳定、开阔海环境的海绿石。在盆地沉积的剖面上,表现出明显的韵律旋回。克拉通的这种旋回性沉积,引发了层序地层学的诞生。通过对我国三大克拉通盆地(华北、扬子和塔里木盆地)的沉积充填特征的分析,结合全球相对海平面的变化,发现在这些克拉通盆地中,低水位体系域以陆源碎屑岩沉积为主,而在高水位时则形成广袤的碳酸盐岩台地。

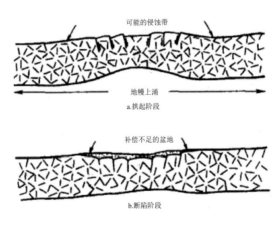

图 8-9 克拉通内部断陷盆地的发育示意图(据 Dickinson,1974)

变质岩篇

1 变质岩的分类和命名

1.1 变质岩物质成分的基本特征

变质岩的物质成分包括化学成分和矿物成分，是组成变质岩的基础，也是变质岩分类命名的依据之一。

1.1.1 变质岩的化学成分特征

变质岩是由火成岩、沉积岩经变质作用形成，其化学成分一方面与原岩密切相关，另一方面与变质作用的特点有关。变质岩的化学成分主要包括：SiO_2、Al_2O_3、Fe_2O_3、FeO、MnO、CaO、MgO、K_2O、Na_2O、TiO_2、P_2O_5、H_2O 及 CO_2 等。由于经历了不同的物理化学条件，相对原岩部分元素含量变化较大，如 Al_2O_3、SiO_2、K_2O、Na_2O、CaO、MgO 等。

岩石的化学组分在变质作用过程中受多种因素控制，既与温度、压力、溶体性质等有关，也受组分本身性质制约。在变质作用过程中，如果体系封闭，变质岩的化学成分则取决于原岩的化学成分；如果体系开放，则变质岩的化学成分除原岩的化学成分外，还与元素在变质作用过程中的行为有关。

研究表明，一些元素在区域变质过程中会发生明显变化，可初步归纳如下。

（1）亲石元素：大部分元素保持稳定。一些易挥发组分（O、S、F、Cl）可进入溶体，Th、U 则易被带出，而 Mn 一般比较活动，可形成一些富集矿床。Fe 在亲石、亲铜、亲铁元素中均匀出现，但存在状态不同，其氧化物或碳酸盐在不同热力条件下可以呈现出不同的活动性，并可形成热液矿床。如钙镁碳酸盐在温度升高时，形成镁质集中的菱镁矿或滑石矿床。

（2）亲铜元素：大部分元素如 Cu、Pb、Zn、Cd、Fe、Ni、Co、Ag、As、Sb、Hg、Se、Te，在不同热力学条件下均可

变为活动组分，被变质热液带出或带入。如 As、Sb、Hg、Se、Te 和 Ag 等，在低温时即可开始活动；Cu、Pb、Zn、Cd 等，则根据各自的特性，在不同的中低温条件下开始活动，而黄铁矿（FeO）的活动范围可能比较广泛。

（3）亲铁元素：大部分表现稳定，一些难溶的组分（如铂族元素），在麻粒岩相变质条件下仍可保持稳定。

在变质岩的分类研究方面，岩石的物质成分是基础。对于一般变质岩，多数学者采用等化学系列和等物理系列的划分方案。等化学系列是指化学成分相同或基本相同的原岩，在不同变质条件下形成的变质岩，同一化学系列的变质岩中矿物组合形式不同。等物理系列是指同一变质条件下形成的岩石，但其矿物组合的不同是由原岩化学成分决定的，如一个变质相或变质带的岩石。

按变质岩化学成分特点划为 5 个等化学系列，具体如下。

（1）富铝系列：化学成分特征是富铝，贫钙，铁、镁含量低，钾 > 钠。原岩一般为泥质岩石（泥岩、页岩）或凝灰岩。

（2）长英质系列：化学成分特征是富硅，钙、铁、镁、铝含量低。原岩为含长石的各种砂岩、粉砂岩、酸性—中酸性火山岩、花岗岩。

（3）碳酸盐系列：化学成分特征是富钙、镁，铝、铁、硅含量较低且变化范围大。原岩为石灰岩和白云岩。

（4）铁镁质系列：化学成分特征是贫硅，富铁、镁、钙，钠 > 钾，含一定量的铝。原岩是基性火山岩、火山碎屑岩、辉长 - 辉绿岩、铁质白云质泥灰岩、基性岩屑砂岩等。

（5）超铁镁质系列：化学成分特征是富铁、镁，贫钙、铝、硅。原岩是超基性侵入岩、超基性火山岩和极富镁的沉积岩。

1.1.2 变质岩的矿物特征

变质岩中的矿物复杂多样，与岩浆岩和沉积岩有较大差异，概括如下。

（1）变质岩的矿物种类，共生组合特征及矿物的相对含量等与岩浆岩和沉积岩明显不同。如在岩浆岩中，石英含量很少超过45%~50%，而在变质岩中其含量变化范围很大，有时可高达95%以上；又如在含长石、石英的岩浆岩中，暗色矿物的总量一般不超过20%~30%，但在相应的变质岩中二者的含量可高达50%以上；岩浆岩中富含暗色矿物时，一般都以辉石、角闪石为主，黑云母很少大量出现，与变质岩中所含的暗色矿物种类和含量明显不同。

（2）在矿物的化学成分方面，变质岩的矿物具有下列特点（主要和岩浆岩对比）：①变质岩中广泛出现铝硅酸盐（Al_2SiO_6）类矿物，如红柱石、蓝晶石、夕线石等；②变质岩中可出现不含铁镁硅酸盐（Mg_2SiO_4）类矿物，如镁橄榄石，并可出现复杂的钙镁铁锰铝的硅酸盐类矿物，如石榴石，而在岩浆岩中，一般主要是铁镁成类质同象的硅酸盐$[(Fe,Mg)_2SiO_4]$；③变质岩中还可以出现铁镁铝的铝硅酸盐矿物，如堇青石、十字石，而岩浆岩中，只出现钾钠钙的铝硅酸盐类矿物，如各种长石；④变质岩中可以出现纯钙硅酸盐（Ca_2SiO_3），如硅灰石（变质岩所特有）；⑤变质岩中含（OH）的矿物比岩浆岩多；⑥变质岩中碳酸盐类矿物分布更广泛。

（3）与岩浆岩中的矿物相比，变质岩中矿物的内部结构和结晶习性等有其特殊性：①层状和链状晶格的矿物（如绿泥石、云母、角闪石、辉石等）较普遍，其延展性也较大；②出现一些分子排列紧密、大分子体积小、密度大的高压矿物，如辉长岩经变质形成的榴辉岩，其中的钙长石和橄榄石反应形成石榴石，分子体积显著缩小；③出现红柱石、蓝晶石、夕线石等同质异相矿物；④矿物的变形现象更为明显；⑤斜长石的环带结构在变质岩中少见。

经等化学变质作用形成的变质岩，矿物受原岩化学成分和变质作用的物化条件所制约，这两种因素共同决定了变质岩中可能出现的矿物和矿物组合。由开放体系下形成的变质岩矿物除了受原岩化学成分和变质作用物化条件控制外，还取决于交代作用的性质和强度。

如不伴随明显的交代作用，则一定化学类型的变质岩石在一定的变质条件下，与一定的矿物和矿物组合相对应。此外，研究岩石的矿物也可反演变质岩石的化学类型和变质条件。

（1）等化学类型变质岩类的矿物，具体如下。

①富铝系列的矿物：相当于泥质变质岩类的矿物，其矿物主要是云母类（绢云母、多硅白云母、白云母和黑云母）矿物，常见的共生矿物包括石英、斜长石（钠长石、中酸性斜长石）、钾长石（钾微斜长石、正长石、条纹长石），常见的特征变质矿物包括石榴石、红柱石、蓝晶石、夕线石、十字石、堇青石、硬绿泥石和绿泥石，但刚玉、斜长辉石（紫苏辉石为主）、尖晶石、假蓝宝石、碳质和石墨等相对少见。

②长英质系列矿物：主要矿物为石英和长石，长石种类包括斜长石（一般以酸性斜长石为主，有时也见中长石，在高级变质的长英质麻粒岩中有时含反条纹长石）、钾长石（钾微斜长石、正长石和条纹长石），极少出现富铝系列特征变质矿物。部分砂岩及粉砂岩中由于含不定量的 Al_2O_3、CaO、MgO、FeO、碳质等组分，因而在有些长英质变质岩中也含有数量不等的石榴石、蓝晶石、红柱石、夕线石、云母类矿物、绿泥石、闪石类矿物、辉石类矿物、帘石类矿物、碳酸盐矿物、硅灰石、磁铁矿、赤铁矿和石墨。在很低级变质条件下还可以形成蓝闪石、黑硬绿泥石、红帘石、硬玉质辉石和文石等矿物。

③碳酸盐系列矿物：相当于钙质变质岩类的矿物，主要以方解石和白云石为主，其他变质矿物包括滑石、蛇纹石、镁橄榄石、透辉石、透闪石、硅灰石、金云母、钙铝榴石、帘石类矿物、方柱石、中—基性斜长石、石英、云母类和石墨等。

④铁镁质系列：以斜长石（钠长石、酸性—基性斜长石、反条纹长石）、闪石类矿物（阳起石、普通角闪石，有的岩石中含蓝闪石）、辉石类矿物（透辉石、普通辉石、斜长辉石、硬玉、绿辉石）等为主要矿物。此外还常见绿泥石、阳起石、绿帘石等大量铁镁矿物。

⑤超铁镁质系列：以富镁和镁铁质矿物为主，缺少石英、长石为特征。常见矿物包括滑石、蛇纹石、透闪石、橄榄石、镁铝榴石、尖晶石、辉石、镁铁闪石等。

（2）矿物成分与变质条件的关系——等物理系列，Winkler（1974）按温度将变质强度划分为4个变质级（等物理系列）：很低级、低级、中级、高级。

①很低级变质：以变质基性岩中浊沸石、硬柱石、葡萄石、绿纤石等矿物的出现为标志，温度区间为200~350℃。

②低级变质：以变质基性岩中硬柱石、葡萄石、绿纤石等矿物反应形成黝帘石和阳起石为标志，温度区间为350~550℃。

③中级变质：标志是泥质岩石中十字石（菫青石）的出现和绿泥石的消失。在变质基性岩中以普通角闪石+斜长石（An17）为特征，温度区间为550~650℃。

④高级变质：标志是泥质岩石中白云母和石英反应形成夕线石和钾长石组合（变质成因的紫苏辉石代表高级变质条件），温度区间大于650℃。

1.2 分类与命名

变质岩岩石分类命名按照中华人民共和国国家标准（GB/

T17412.3—1998）岩石分类和命名方案的相关规定。

1.2.1 变质岩命名的一般原则

（1）变质岩的分类和命名应以变质岩的岩石学特征为基础。不同的变质岩，具有不同的矿物组成、含量及结构、构造等。

（2）同一变质岩石类型可以是多成因的，例如片岩、片麻岩可以由区域变质作用形成，也可以由热接触变质作用、动力变质作用等形成。

（3）变质岩的分类，既要划分标志和明确界线，又要符合自然界的内在联系；既要有科学性和系统性，又要简明实用。

（4）变质岩的命名，应尽可能地与传统习惯用法一致，尽量采用国内外已通用的岩石名称。特定成因的变质岩类型，仍按传统习惯沿用，例如角岩、矽卡岩等。

1.2.2 变质岩石名称的构成

变质岩石名称的构成附加修饰词＋基本名称，具体如下。

（1）基本名称反映岩石的基本特征，具有一定的矿物组成、含量及结构、构造特征。

（2）附加修饰词是用以说明岩石的某些重要附加特征。可作为附加修饰词的包括次要矿物、特征变质矿物、结构、构造及颜色等。

（3）次要矿物作为附加修饰词的规定：①矿物含量为5%～10%时，加"含"字前缀；②矿物含量大于10%时，直接作为附加修饰词；③当数种矿物含量都大于10%时，选择2～3种（最多不超过5种）比较重要的矿物，按含量增加的顺序（少前多后）排列，作为附加修饰词。

1.2.3 特征变质矿物作为附加修饰词的规定

（1）矿物含量小于5%时，加"含"字前缀。有些重要特征变质矿物含量小于5%，也可直接作为附加修饰词。如蓝晶石、蓝闪石、紫苏辉石等。

（2）矿物含量大于 5% 时，直接作为附加修饰词。

（3）当岩石中含有两种以上特征变质矿物，而且其生成顺序符合一般规律时，选择生成最晚或具有最重要意义的矿物作为附加修饰词。例如含有蓝晶石、十字石、石榴石的黑云母片麻岩，称为蓝晶黑云片麻岩。

1.2.4 参加岩石命名的矿物名称简化的规定

（1）在不引起误解的情况下，参加岩石命名的矿物名称，可以简化为两个汉字或一个汉字。如斜长石——"斜长"，微斜长石——"微斜"，黑云母——"黑云"，十字石——"十字"，石榴石——"石榴"或"榴"，绢云母——"绢云"或"绢"，电气石——"电气"或"电"，紫苏辉石——"紫苏"或"苏"等。

（2）简化后容易引起误解的矿物名称不能简化。如白云母、白云石等矿物名称不能简化。

（3）岩石名称前附加修饰词的字数以偶数为宜。有时由两个汉字组成的矿物名称不宜简化，例如滑石片岩、云母片岩等岩石名称中的矿物名称不宜简化。

（4）附加修饰词"含"字后矿物名称应用全名，不要简化。

1.2.5 常见变质岩岩石分类

以岩石的矿物成分、含量结构及构造等基本特征为基础，可将常见和比较常见的变质岩石划分为如下 20 类。

（1）轻微变质岩类：其仍保存有原岩的结构构造等特征，则以"变质××岩"命名，"××岩"是原岩名称，如变质砂岩、变质辉长岩等。新生变质矿物也可参加命名，如葡萄绿纤变英安质凝灰岩。

（2）板岩类：依据板岩的原岩类型、杂质成分和新生变质矿物等，可划分为黏土板岩（板岩）、硅质板岩、粉砂质板岩、钙质板岩、碳质板岩和凝灰质板岩。

板岩类岩石的命名，具体如下。

①板岩类岩石的命名，新生变质矿物+原岩成分+板岩。如绢云黏土板岩。

②斑点板岩中，当斑点状矿物或者集合体成分可鉴定出来时，应按矿物命名，如堇青石板岩。

③硅质板岩中，若硅质含量大于80%，并已结晶为细粒石英时，则向板状石英岩过渡。

④当变质程度稍高，出现较多绢云母、绿泥石、石英等新生矿物，绢云母粒度略大，并具弱千枚状构造时，可命名为千枚状板岩，为板岩与千枚岩之间的过渡类型。

（3）千枚岩类：按主要矿物成分划分为绢云千枚岩、绿泥千枚岩、石英千枚岩、钙质千枚岩和碳质千枚岩。

千枚岩类岩石的命名，具体如下。

①绢云千枚岩、绿泥千枚岩和石英千枚岩的命名：特征变质矿物+主要鳞片状矿物+（粒状矿物）+千枚岩。

②钙质千枚岩和碳质千枚岩的命名，依据矿物组合：次要矿物（或杂质成分）+主要矿物+千枚岩，如方解绢云千枚岩，碳质绢云千枚岩。

③特征变质矿物按规定参加命名，如蓝闪钠长绿泥千枚岩。

④当岩石中出现铁铝榴石、十字石等特征变质矿物，或基质中出现大量云母类矿物，而仍具千枚状构造时，可称为千枚状片岩，为千枚岩与片岩之间的过渡类型。

（4）片岩类：按主要矿物成分划分为云母片岩类、钙硅酸盐片岩类、绿片岩类、镁质片岩类、闪石片岩类和蓝闪片岩类。

片岩类岩石的命名，具体如下。

①云母片岩类岩石的命名，根据片状矿物与粒状矿物的相对

含量,命名为片状矿物+片岩。其中石英+长石大于50%,长石小于25%,可命名为"片状矿物+石英片岩"。

②绿片岩的命名,次要矿物+含量最多的绿色矿物+片岩。例如钠长绿帘绿泥片岩。

③闪石片岩的命名,次要矿物+闪石种类+片岩。

④钙硅酸盐片岩、镁质片岩及蓝闪片岩的命名,根据矿物组合按(次要矿物+主要矿物+片岩),如绿帘云母方解片岩、滑石蛇纹片岩、绿帘硬柱蓝闪片岩。

⑤特征变质矿物按规定参加命名,如十字二云片岩。

(5) 片麻岩类:按主要矿物成分,可将片麻岩划分为:云母片麻岩类(富铝片麻岩)、碱长(二长)片麻岩类、斜长片麻岩类、角闪片麻岩类、透辉片麻岩类(钙质片麻岩类)及花岗片麻岩类。

片麻岩类岩石的命名,具体如下。

①各类型片麻岩的命名一般为主要片、柱状矿物+长石种类+片麻岩。

②角闪片麻岩根据角闪石和斜长石含量分为两种,角闪斜长片麻岩和斜长角闪片麻岩。

③各类型片麻岩中的次要片、柱状矿物和特征变质矿物,分别按规定参加命名。如紫苏黑云角闪斜长片麻岩、蓝晶角闪黑云斜长片麻岩、石榴透辉拉长片麻岩。

④花岗片麻岩类可根据原岩或新生矿物命名,如闪长质片麻岩、黑云角闪片麻岩。

(6) 变粒岩类:根据矿物组合及含量,划分为变粒岩和浅粒岩,其中浅粒岩中暗色矿物小于10%。

变粒岩类岩石的命名,具体如下。

①变粒岩类岩石的命名:片、柱状矿物+长石种类+变粒岩,

其中"二云"或"二长"表示两种云母或两种长石含量相近或均大于10%。

②浅粒岩类岩石的命名,长石种类+浅粒岩。如微斜浅粒岩。

③次要矿物和特征变质矿物,分别按规定参加命名。如黑云角闪更长变粒岩、夕线二长浅粒岩。

(7)石英岩类:主要由石英组成的块状变质岩,如白云母石英岩。

(8)角闪岩类:本类岩石以角闪石含量大于40%区别于角闪斜长变粒岩,同时以不具明显定向构造而不同于斜长角闪片麻岩及角闪片岩。按矿物成分划分为角闪石岩(斜长石含量<10%)和斜长角闪岩。

角闪岩类岩石的命名,次要暗色矿物+斜长石种类+角闪岩。

(9)麻粒岩类:麻粒岩和麻粒岩相不能作为同义语而混淆,不是所有麻粒岩相的岩石都是麻粒岩。变超基性岩、接触变质岩、铁英岩、石英岩(浅粒岩)、大理岩以及一些单矿物岩,不管是否含有紫苏辉石,按习惯用法,都不称为麻粒岩。有些含紫苏辉石的具片麻状构造的长英质岩石,仍称为片麻岩,而不归入麻粒岩类。产于麻粒岩相带中不含紫苏辉石的斜长透辉石岩,也不应称为斜长透辉麻粒岩。

麻粒岩与紫苏花岗岩也不能作为同义词使用。虽然二者都经受过麻粒岩相变质,但二者的成因和岩石学特征并不完全相同。

麻粒岩类岩石的分类和命名,如图1-1。

①麻粒岩类岩石按暗色(Pl=10%～30%)、中色(Pl=30%～60%)和浅色(Pl=60%～90%)的划分方案,"暗色"和"浅色"可参加命名,"中色"可不参加命名。深入研究时均可省略。

②次要矿物和特征变质矿物,分别按规定参加命名。条纹钾长石,如证明属原生,可参加命名;如属交代成因,则不参加命

名。少量蚀变矿物，一般不参加命名。

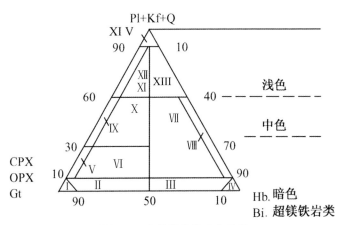

图 1-1　麻粒岩类岩石分类图

I.辉石类（包括石榴石）的单矿物岩；II.角闪紫苏辉石岩、角闪（次）透辉石岩、角闪二辉石岩等；III.二辉角闪岩；IV.角闪岩；I-IV 的所有岩石，均可冠以"暗色"的描述语；V.暗色斜长二辉麻粒岩（Pl=10%～30%）、暗色斜长（次）透辉石岩、暗色斜长紫苏辉石麻粒岩；VI.暗色斜长角闪二辉麻粒岩、暗色斜长角闪（次）透辉石岩；VII.辉石（或二辉）斜长角闪岩；VIII.斜长角闪岩；IX.斜长二辉麻粒岩（Pl=30%～60%）；X.斜长角闪二辉麻粒岩（Pl=30%～60%）；XI.浅色二辉斜长麻粒岩（Pl=60%～90%）；XII.浅色角闪二辉斜长麻粒岩（Pl=60%～90%）或浅色角闪二辉二长麻粒岩（Pl+Kf=60%～90%）；XIII.辉石角闪斜长（二长）片麻岩、辉石角闪变粒岩；XIV.斜长岩、长英片麻岩、长英麻粒岩、浅粒岩等。

③由于构造原因而形成的眼球状构造、豆荚状构造、盘状构造、糜棱构造等，可作为附加修饰词冠以岩石名称之前。

（10）榴辉岩类：一种主要由绿辉石和含钙的铁镁铝榴石组成的区域变质岩石。典型的榴辉岩不含斜长石，可含少量金刚石、柯石英、蓝晶石、金红石、刚玉、橄榄石、顽火辉石、蓝闪石等。榴辉岩是榴辉岩类的唯一特征岩石，命名按特征矿物＋榴辉岩。如金刚石榴辉岩、柯石英榴辉岩。

（11）铁英岩类：主要由石英和铁矿物（磁铁矿、赤铁矿、假像赤铁矿）组成的区域变质岩石，是重要的贫铁矿石。

（12）磷灰石岩类：磷灰石含量大于 50% 的区域变质岩石，

是重要的磷矿石。

(13) 大理岩类: 根据岩石中主要碳酸盐类矿物的种类,可以划分为大理岩、白云石大理岩(白云石> 50%)及其之间的过渡类型。

大理岩类岩石的命名,非碳酸盐矿物 + 碳酸盐矿物种类 + 大理岩,非碳酸盐矿物为钙硅酸盐、钙镁硅酸盐、钙铝硅酸盐等,常见有硅灰石、透闪石、透辉石、镁橄榄石、方柱石、方镁石、滑石、云母、斜长石、石英等。特殊构造和颜色可以参加命名,如条带状大理岩、粉红色大理岩。

(14) 钙硅酸盐岩类: 主要由钙硅酸盐矿物组成的区域变质岩,如绿帘角闪透辉石岩。

(15) 碎裂岩类: 具碎裂结构、碎粉结构等的动力变质岩。

(16) 糜棱岩类: 按糜棱岩化程度和结构构造等特征划分的糜棱岩类型如表 1-1。

表 1-1 糜棱岩类的主要岩石类型

岩石类型	基质含量/%	结构	构造	原岩类型
糜棱岩化岩石	<10	糜棱岩化结构、残留原岩结构。糜棱岩化碎细物质沿碎斑透镜体之间分布	定向构造	各种火成岩、沉积岩和变质岩
初糜棱岩	10~50	糜棱结构、残留原岩结构。碎斑不同程度圆化,常孤立地分布在由碎细物质组成的条纹或条带中	定向构造(条带状、眼球状构造)	各种火成岩、沉积岩和变质岩
糜棱岩	50~90	糜棱结构、碎斑结构。碎斑圆化程度增高,呈眼球状、透镜状,矿物的各种变形结构构造发育。碎细基质常形成不同颜色、粒度和矿物成分的条纹、条带或透镜条带,显示特征的流动构造	定向构造(眼球状、片麻状构造)	各种火成岩、沉积岩和变质岩

续表1-1

岩石类型	基质含量 /%	结构	构造	原岩类型
超糜棱岩	90~100	超糜棱结构。无或很少碎斑。碎细物质粒度多小于0.02mm，呈霏细状。具不同颜色和成分的条纹或条带，显示强烈流动构造	定向构造（流动构造）	
千糜岩		显微鳞片粒状变晶结构、千糜结构。新生成较多的绢云母、绿泥石、透闪石、阳起石、绿帘石等含水矿物。碎细的粒状矿物常聚集成条带或透镜体分布	千枚状构造	
玻状岩（假玄武玻璃）		玻璃结构或部分脱玻化结构，深褐色玻璃或为隐晶质	条痕状或条纹状构造	

糜棱岩类岩石的命名，具体如下。

①糜棱岩化岩石的命名：次生结构＋原岩名称，如糜棱岩化花岗岩。

②糜棱岩的命名：主要矿物或矿物组合（或原岩性质）＋糜棱岩基本名称，如花岗质初糜棱岩、长英质糜棱岩。

③千糜岩的命名：新生矿物或矿物组合＋千糜岩，如绢云千糜岩。

（17）角岩类：按主要矿物成分和岩石成分性质，可将角岩划分为云母角岩、长英质角岩、钙硅角岩、基性角岩和镁质角岩。

角岩类岩石的命名，具体如下。

①云母角岩和长英质角岩的命名按特征变质矿物＋次要矿物＋基本名称，如红柱云母角岩、夕线长英角岩。

②钙硅角岩、基性角岩和镁质角岩的命名按特征：变质矿物＋次要矿物＋主要矿物＋角岩，如石榴符山角岩、斜长透辉角岩、紫苏镁橄角岩。

（18）矽卡岩类：主要由钙－镁－铁（铝）硅酸盐矿物组成的接触交代变质岩，如石榴石辉石矽卡岩。

（19）气－液蚀变质岩类：由气水热液作用于已经形成的岩石，使其化学成分、矿物成分及结构构造发生变化，从而形成的一类变质岩石。以蚀变矿物或蚀变矿物组合为基础，划分的主要气－液蚀变岩类型如表 1-2。

表 1-2　气－液蚀变岩类的主要岩石类型

岩石类型	蚀 变 矿 物
蛇纹岩类	主要为蛇纹石（叶蛇纹石、纤蛇纹石、胶蛇纹石等）。其他矿物有磁铁矿、钛铁矿、水镁石、尖晶石、透闪石、阳起石、直闪石、金云母、滑石及碳酸盐矿物
滑石菱镁岩类	主要由滑石、菱镁矿及其他碳酸盐矿物（铁白云石、白云石、方解石等）和石英组成。可含少量蛇纹石、透闪石、铬云母、尖晶石、磁铁矿、黄铁矿等
青磐岩类	主要为绿泥石、绿帘石、阳起石、钠长石、碳酸盐矿物、（方解石、白云石、铁白云石等），其次有绢云母、石英、黄铁矿及其他金属硫化物
云英岩类	主要由浅色云母（白云母、锂云母、铁锂云母等）、石英，以及黄玉、萤石、锡石、电气石、磷灰石等矿物组成
黄铁绢英岩类	主要由绢云母、石英和黄铁矿组成。有时含钾长石、钠长石、绿泥石、铁白云石等
次生石英岩类	主要矿物为石英及绢云母、明矾石、高岭石、红柱石、水铝石、叶蜡石等。次要矿物有刚玉、黄玉、电气石、蓝线石和氯黄晶等。矿物组合特征是富铝矿物和含B、F、Cl、P等元素的气成矿物多，而不含酸性介质中易分解的钠质和钙质矿物
热液黏土岩类	主要矿物为蒙脱石、高岭石、埃洛石类矿物，次要矿物有绢云母、绿泥石、绿脱石、叶蜡石、钠云母、方解石、白云石、铁白云石、蛋白石、玉髓石英等

气－液蚀变岩类岩石的命名，具体如下。

①可恢复原岩的气－液蚀变岩，命名按蚀变作用种类＋原岩

名称。可根据蚀变作用的强弱程度划分为4个等级:弱蚀变岩类、中蚀变岩类、强蚀变岩类、全蚀变岩类。

②不能或很难恢复原岩的气-液蚀变岩(全蚀变岩类),可按主要蚀变矿物或蚀变矿物组合直接命名,如叶蛇纹石岩、磁铁金云蛇纹岩。

③具有专用名称(基本名称)的气-液蚀变岩,不能或很难恢复原岩时,命名按主要蚀变矿物或蚀变矿物组合+蚀变岩基本名称,如绿帘青磐岩、刚玉红柱次生石英岩。

(20)混合岩类。

①当混合岩化作用较弱(脉体含量小于50%)时,"脉体"和"基体"界线清楚或比较清楚,命名:脉体+基体+构造形态+混合岩,如长英质黑云斜长条带状混合岩(图1-2)。

②当混合岩化作用比较强烈(脉体含量大于50%)时,"基体"已不保留原有矿物成分和结构构造特征,"脉体"和"基体"之间界线趋于消失,命名:暗色矿物+构造形态+混合岩,如黑云条带状混合岩(图1-3)。

图1-2 敦煌地块敦煌岩群黑云斜长条带状混合岩

图1-3 华北地块南缘陕西华阳川地区太华岩群黑云条带状混合岩

③混合花岗岩的命名:暗色矿物+长石种类+混合花岗岩,如黑云斜长混合花岗岩(1-4)。

图1-4 柴达木盆地北缘达肯大坂岩群黑云斜长混合花岗岩

1.3 变质岩的主要岩石类型

按变质作用类型和成因,可将变质岩石分为区域变质岩、接触变质岩、动力变质岩、混合岩和气液变质岩类。造山带中常见的变质岩类型主要为区域变质岩、接触变质岩和动力变质岩。区域变质岩按等化学系列和等物理系列进一步分类,通常可划分为板岩类、千枚岩类、片岩类、片麻岩类、长英质粒岩类、石英岩类、斜长角闪岩类、麻粒岩类、铁镁质暗色岩类、榴辉岩类、大理岩类等。

造山带区域地质调查中常见的变质岩主要岩石类型包括以下几点。

(1) 板岩:是一种结构均匀、致密且具有板状劈理的岩石。它是由泥质岩类经受轻微变质而成,岩石结晶程度较低,尚保留较多的原生矿物成分和结构构造特征,主要变质矿物为绢云母或绿泥石。

(2) 千枚岩:岩石具有明显的丝绢光泽和千枚状构造,变质程度高于板岩,主要变质矿物有绢云母(白云母)、绿泥石、石英等。

(3) 片岩:以片状构造为特征,组成片状构造的矿物主要有云母、绿泥石、滑石等。常含有石榴石、蓝晶石、十字石等特征变质矿物,长石含量较少。根据片岩中片状矿物种类不同,又可分为云母片岩、绿泥石片岩、滑石片岩、石墨片岩等。当石英含量大于50%时,则命名为石英片岩。

(4)片麻岩:以片麻状构造为特征。片麻岩可由各种沉积岩、岩浆岩和原已形成的变质岩经变质作用而成。岩石变质程度较深,矿物结晶粒度较粗,主要矿物为石英和长石,其次为云母、角闪石、辉石等。此外尚可含少量的石榴石、夕线石、堇青石、十字石、蓝晶石等特征变质矿物。

(5)大理岩:石灰岩和白云岩在区域变质作用下重结晶而变为大理岩(也有部分大理岩是在热力接触变质作用下产生的)。这类岩石多具等粒变晶结构,块状构造,主要矿物为方解石和白云石。

(6)石英岩:由较纯的石英砂岩变质而成,主要矿物成分为石英,尚有少量长石、云母、绿泥石等,较深变质时可有角闪石、辉石和石榴石。

(7)混合岩:是介于变质岩和岩浆岩之间的过渡性岩类,主要特点是岩石中的矿物成分和结构构造很不均匀,混合岩可区分出原来变质岩的基体和部分熔融分异的脉体。根据混合岩化作用的方式和强度以及所形成岩石的构造特征等,混合岩可分为不同的类型,典型的混合岩有眼球状混合岩(图1-5)、条带状(肠状)混合岩(图1-6)、雾迷状混合岩(图1-7)等。

图1-5 柴达木盆地北缘达肯大坂岩群眼球状混合岩

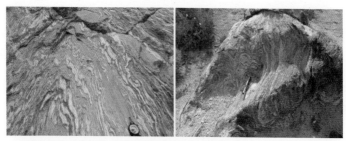

图 1-6　柴达木盆地北缘达肯大坂岩群条带状（肠状）混合岩

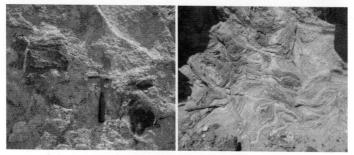

图 1-7　柴达木盆地北缘达肯大坂岩群雾迷状混合岩

（8）麻粒岩：形成于麻粒岩相条件下，并含有紫苏辉石等变质矿物组合的特定岩石，可分为长英质麻粒岩和镁铁质麻粒岩。

长英质麻粒岩：主要由长石（斜长石、反条纹长石、条纹长石）和一定量的石英等浅色矿物（>70%）及单斜辉石、斜方辉石组成，也有由部分角闪石（高钛）、黑云母（富镁、高钛）、石榴石和堇青石等铁镁矿物（<30%）组成，有的长英质麻粒岩中含有矽线石，通常为粒状变晶结构，片麻状或弱片麻状构造。

镁铁质麻粒岩：主要由紫苏辉石、透辉石、角闪石（高钛）、黑云母（高镁、高钛）和中基性斜长石等矿物组成，可有一定数量的石榴石，石英少量或缺失，暗色矿物含量通常大于 30%，最大不超过 90%，岩石一般具粒状变晶结构，块状、片麻状构造。

（9）榴辉岩：主要由绿辉石和铁铝榴石－镁铝榴石－钙铝榴石系列的石榴石所组成，绿辉石为含透辉石、钙铁辉石、硬玉以及锥辉石组分的单斜辉石,其绿辉石的化学成分是(Ca, Na)(Mg, Fe, Fe^{3+}, Al)[Si_2O_6]。岩石中可含石英、蓝晶石(图 1-8)、尖晶石、顽火辉石、橄榄石、金红石、硬柱石等,还可含蓝闪石、普通角闪石等,但不含斜长石。

图 1-8 柴达木盆地北缘沙柳河堆晶辉长质蓝晶石榴辉岩

此外,造山带中还经常可见高压变质作用形成的蓝片岩,接触变质作用形成的角岩和矽卡岩,热液变质作用形成的蛇纹岩,动力变质作用形成的构造碎裂岩和糜棱岩。

2 变质岩的结构与构造

变质岩的结构和构造是变质岩最基本的特征，是恢复原岩、再造变质作用历史及岩石分类、命名的标志，也是变质作用机制的反映。

2.1 变质岩的结构

常见的变质岩结构有以下 4 种类型，具体如下。

（1）变余结构：指变质作用不彻底，残留下原岩的一些结构构造。比如沉积形成的砂砾岩，变质后还保留着砾石和砂粒的外形，虽岩石中砾石成分发生了变化，但其轮廓仍很清楚。变质沉积岩的变余结构可见变余砾状结构、变余角砾结构、变余砂状结构及变余粉砂结构等；变质火成岩的变余结构可见变余斑状结构、变余辉绿结构、变余辉长辉绿结构、变余半自形粒状结构、变余交织结构（变余安山结构）和变余火山碎屑结构等。

（2）变晶结构：指变质作用使矿物重结晶所形成的结构。根据变质岩中矿物晶形的完整程度和形状，分鳞片变晶结构、纤维变晶结构和粒状变晶结构。变晶矿物呈片状，沿一定方向排列形成鳞片变晶结构；纤维变晶结构是纤维状、柱状变晶呈定向排列，形成片理；粒状变晶结构是由粒状矿物组成的结构，这些矿物颗粒自形程度和形态不同。

（3）交代结构：指矿物或矿物集合体被另外一种矿物或矿物集合体所取代形成的一种结构。交代结构通常包括交代残余结构、交代假象结构、反应边结构、后成合晶结构等。其中后成合晶结构是高压变质矿物在减压抬升过程中较易形成的一种结构。

（4）变形结构：与变形作用有关，如糜棱结构，多见于韧性剪切带和造山带的强变质变形带中。

2.2 变质岩的构造

变质岩的构造主要有两大类型：块状构造和定向构造。

（1）块状构造：指变质结晶的矿物或矿物集合体在岩石中排列无顺序，呈均匀状分布。一般原岩是块状的岩石，如岩浆岩、砂岩、石灰岩变质后仍然保持块状构造。

（2）定向构造：为变质结晶矿物（包括延长性矿物和非延长性矿物）定向排列所显示出来的一种优选方位。定向构造包括面状（千枚理、片理、片麻理、变质分异条带）、线状（矿物拉伸线理和矿物排列线理）和面－线状构造。当变质程度不深、重结晶程度不高时，片理面呈绢丝光泽，叶片状矿物定向排列，称为千枚状构造；如果矿物重结晶比较好，片状、柱状矿物平行排列，粒状矿物也被拉长或压扁，就形成了片状构造；如果粒状矿物和片状、柱状矿物相间排列，因粒状、片状、柱状矿物的颜色和形态不同而呈现出条带，称为条带状构造（图2-1），条带不明显时称片麻状构造（图2-2）。

图2-1 柴达木盆地北缘达肯大坂岩群黑云斜长片麻岩条带状构造　　图2-2 柴达木盆地北缘达肯大坂岩群黑云角闪斜长片麻岩片麻状构造

此外，中浅变质岩中经常保存有变余构造，组成岩石的矿物虽然发生了不同程度的变质结晶作用，但一些岩石的原生构造得以保存，如变余层理构造、变余气孔杏仁构造等，也是判断岩石变质程度和原岩性质的重要标志。

3 变质岩岩石组合的调查与研究

变质岩岩石组合的调查与研究，首要问题是变质岩原岩性质的判别。对于浅变质弱变形的变质表壳岩（变质沉积岩和变质火山－沉积岩）和变质深成岩因保存了大量岩石的原生结构构造，可以很容易判别岩石的属性；一些中深变质的特征性岩石类型，如大理岩、石墨片岩、富铝片岩和层状石英岩等一般也不存在误判问题。但对于一些长英质片麻岩（变粒岩），通常会出现原岩性质判断上的困难。

3.1 变质地（岩）层岩石组合的调查与研究

变质地层从岩石组成上可分为变质沉积岩和变质火山－沉积岩，从变质程度上可分为浅变质地层和中深变质地（岩）层。

变质地层的基本填图单位，即变质岩岩石组合（相当于地质图上通常表达的组级或段级填图单位），是沉积岩、火山－沉积岩、火山岩等原有岩石遭受变质作用形成的，原则上同一原岩建造变质程度应基本一致，在区域上有一定规模和分布范围，可以在图面上合理表达，与其他变质岩建造之间具有较清晰的边界，具有可分性。

3.1.1 岩石类型的观察与定名

（1）在野外露头上观察变质岩的主要矿物成分和结构构造，尤其注意石榴石、十字石、硬绿泥石、夕线石等常见特征变质矿物的观察和识别，根据变质矿物共生组合初步确定变质岩的变质程度（表3-1），并参照变质岩岩石类型的分类命名原则（GB/T 17412.3—1998）进行野外定名。

表 3-1 主要变质相的矿物及矿物组合特征

变质相		不出现的矿物	特征矿物	典型变质矿物共生组合	温度范围
浊沸石相		方沸石、片沸石、叶蜡石、绿纤石	浊沸石、斜钙沸石	浊沸石+绿泥石+石英； 浊沸石+葡萄石+绿泥石+石英； 葡萄石+绿泥石+方解石+石英	200~300℃
葡萄石-绿纤石相		浊沸石、黝帘石、斜黝帘石	绿纤石	绿纤石+葡萄石+绿泥石+钠长石+石英（硬砂岩）； 绿纤石+葡萄石+绿帘石+绿泥石+钠长石+石英（基性岩）； 绿纤石+阳起石+绿帘石+绿泥石+钠长石+石英（基性岩）	300~400℃
蓝闪片岩相		浊沸石、斜黝帘石、斜长石	蓝闪石、青铝闪石、镁铁闪石、硬柱石、文石	硬柱石+钠长石+绿泥石+方解石±绿纤石； 蓝闪石+绿泥石+绿帘石+钠长石+石英±阳起石； 硬柱石+蓝闪石+文石； 硬柱石+蓝闪石+石英	200~450℃
绿片岩相	低绿片岩相	绿纤石、葡萄石、铁铝榴石、普通角闪石、硬柱石	黝帘石、斜黝帘石、锰铝榴石	黝帘石/斜黝帘石+阳起石+绿泥石+石英（基性岩）； 绿泥石+绿帘石+钠长石+方解石+石英（基性岩）； 白云母+黑云母+绿泥石+钠长石+石英（泥质岩）； 方解石+绿帘石+透闪石/阳起石+石英（灰岩）	350~500℃
	高绿片岩相	叶蜡石、黑硬绿泥石、阳起石、十字石、堇青石	铁铝榴石、普通角闪石、硬绿泥石	普通角闪石+绿帘石+铁铝榴石+酸性斜长石+石英（基性岩）； 普通角闪石+绿帘石+绿泥石+酸性斜长石+石英（基性岩）； 铁铝榴石+绿泥石+硬绿泥石+白云母+石英（泥质岩）； 方解石+绿帘石+透闪石+石英（灰岩）	500~575℃

续表3-1

变质相		不出现的矿物	特征矿物	典型变质矿物共生组合	温度范围
角闪岩相	低角闪岩相	硬绿泥石、夕线石、钾长石	十字石、蓝晶石、红柱石、堇青石	十字石＋蓝晶石±铁铝榴石＋黑云母＋白云母＋斜长石＋石英； 普通角闪石＋斜长石±铁铝榴石±透辉石（基性岩）； 透辉石±透闪石＋方解石＋石英（灰岩）	575~640℃
	高角闪岩相	十字石、白云母、紫苏辉石	夕线石、钾长石	夕线石＋铁铝榴石＋黑云母＋钾长石＋石英±斜长石（泥质岩，中压）； 矽线石＋堇青石＋黑云母＋铁铝榴石±斜长石＋石英（泥质岩，低压）； 普通角闪石＋斜长石＋铁铝榴石±透辉石	640~700℃
麻粒岩相		白云母、帘石、榍石	紫苏辉石、铁铝榴石	紫苏辉石＋单斜辉石＋铁铝榴石＋斜长石±普通角闪石（基性岩）； 夕线石＋堇青石＋铁铝榴石＋钾长石＋斜长石＋石英（泥质岩）； 金云母＋透辉石＋方解石＋镁橄榄石（灰岩）	>700℃
榴辉岩相		斜长石	绿辉石、石榴石	绿辉石＋铁镁铝榴石±蓝晶石±石英±金红石	变化较大

注：本表据贺高品等（1991）修改。

（2）对重要岩石类型以及有疑问的岩石类型采集岩石标本，通过岩石薄片鉴定对变质矿物组合和野外岩石命名进行校正。

（3）检查和比对野外定名与室内命名存在差异的岩石标本和薄片，尤其是出现特征变质矿物的样品，提升野外观察能力与经验。

3.1.2 岩石组合类型的观察

（1）了解前人对测区变质地（岩）层单位的划分方案和依据，掌握基本岩石组合特征。对研究程度较高地区应充分借鉴前人调查研究成果。

（2）在野外路线调查中，观察和记录主要岩石类型的组合特征。描述不同岩石类型所占比例以及不同岩石类型之间的相互关系，如互层状、夹层状、透镜状等。

（3）通过剖面测制和重点地段调查等手段，分析和归并一定构造边界（通常有断层、韧性剪切带、不整合面等）围限的主要岩石组合。变质岩岩石组合可以是以单一岩性为主，也可以是多种岩性的组合。如以石英岩占主体的石英岩组合；以厚层大理岩为主体的大理岩组合；以变质砂岩和板岩为主构成的砂板岩组合（变质砂岩－板岩组合）；以石英岩和云母片岩为主构成的石英岩－云母片岩组合；以绿泥片岩、绿泥绿帘片岩和蓝闪片岩为主构成的绿片岩－蓝片岩组合等。

3.1.3 中浅变质（绿片岩相－低角闪岩相）地层原生结构构造的观察

（1）变质岩中残留的原生结构构造是原岩性质判别的重要依据，在中浅变质地层中经常可以观察到岩石原生结构或构造。如出现变余平行层理、粒序层理、交错层理、斜层理、波痕、泥裂、化石等原生沉积构造，以及变余砂状、泥状等结构时，则可确定其为变质沉积岩。当出现变余气孔杏仁构造、枕状构造、流纹构造，以及岩石中有凝灰质、晶屑、斑晶等时，则可确定为火山碎屑岩或火山熔岩。

（2）原生结构构造是恢复地层层序和构造形态的重要依据。对于具有指向意义的原生构造，应重点描述和照相。变余示顶构造与未变质沉积岩或火山岩中的示顶构造观察方法基本一致，路线上不同岩层中指向标志所指示的地层层序不同，则预示着褶皱构造的存在。

（3）次生指向标志的观察。次生指向标志是指原生沉积标志经变质作用改造后依然具有指向意义的结构。如变质粒序层理和原生的粒序层理因变质矿物重结晶在底部砂质层中主要以石英为主，在上部泥质层中云母含量较多，由长英质矿物为主向云母类矿物为主的过渡构成了变质粒序层理。如图 3-1 含泥质较多的上部片理较发育，而以砂质为主的下部难以观察到片理。有时可以观察到片理的弧形构造，具有与交错层理（斜层理）相反的指向意义。当变质程度达到一定程度时，在泥质层中结晶出石榴石，而砂质层变质结晶矿物粒度相对较细，当出现石榴石粒度由小变大、含量由少变多的趋势时就具有指向意义（图 3-2）。

图 3-1　变质泥砂岩中的层劈交切与变余粒序层理　　图 3-2　含石榴石白云母片岩中的层劈交切与变余粒序层理

3.1.4　高级变质岩层的观察

高级变质岩多见于造山带的根部带或是造山带中的古陆块上，往往与岩浆作用或混合岩化作用相伴随。

（1）观察高级变质岩岩性组合特征。造山带中高级变质岩往往零星出露，常呈变质表壳岩残块的形式保存在变质深成岩中，难以保存原岩的结构构造，野外岩性组合的调查是判断其原岩性质的重要依据。

（2）观察高级变质岩部分熔融（深熔作用）程度。高级变质岩中往往发育不同规模和不同形状的长英质脉体，这些长英质脉体多来源于岩石的部分熔融或深熔作用（图3-3），部分可能与外来岩浆贯入有关（图3-4），此外在变质分异作用和交代作用下也可形成脉体。根据高级变质岩中条带状构造的特征和脉体产出形态可以大致判断部分熔融发生的时限，同造山阶段部分熔融多与构造分异机制相关，条带平行化程度高；后造山阶段多与减压熔融机制相关，形成的脉体形状复杂，弱定向。

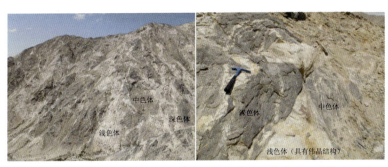

图 3-3　高级变质岩深熔作用形成的浅色体、中色体及暗色体

图 3-4　柴达木盆地北缘达肯大坂岩群岩浆注入作用成因的混合岩

3.2　变质深成岩的调查与研究

造山带变质深成岩可以划分为两种基本类型：①前造山侵入

体是指岩体的侵入与本次造山事件无关,但遭受了本次造山过程的变质变形作用改造,如苏鲁造山带中大量新元古代花岗质侵入体卷入了印支期造山事件;②同造山侵入体是指岩体的侵位与造山过程相关,包括板块俯冲-碰撞过程中形成的岛弧型和同碰撞型侵入岩,并卷入了与造山事件相关的变质变形作用。后碰撞-后造山阶段的侵入体因未遭受明显的变形变质作用,一般不纳入变质深成岩范畴。

3.2.1 中浅变质深成岩的观察和研究

3.2.1.1 变质矿物的观察与岩石命名

中浅变质深成岩常呈片麻状构造,变形较强时呈条带状构造。因变质程度较低,变质矿物组合相对较简单,一般较易识别。中浅变质深成岩的变质矿物主要有黑云母、白云母、透闪石(角闪石)、铁铝榴石、钠长石(斜长石)、石英、绿泥石等。中基性变质深成岩中以黑云母和透闪石(角闪石)较常见,中酸性变质深成岩中以黑云母、白云母、石榴石等较常见。钠长石(斜长石)野外较难识别,需要借助镜下观察,呈条纹条带状产出的石英野外可判断为变质重结晶石英。原生黑云母和次生(变质)黑云母一般通过观察黑云母的大小、形态、集合体状态,以及与片麻理的关系可大致区分。

中浅变质深成岩根据变形强度(片麻理发育程度)和变质矿物成分可分别采用(变质+原岩类型)或(变质矿物+片麻岩)的命名方法。前者原岩结构构造保存较好,片麻理构造较弱,如变质花岗岩;后者变形变质作用较强,岩石片麻理构造发育或呈条带状构造,原岩结构构造保存较少,如黑云二长片麻岩。

3.2.1.2 原生结构构造的观察

中浅变质深成岩中或多或少保存有侵入体的原生结构构造,如变余残斑结构、变余花岗结构等。原生结构构造的观察是恢复原岩最重要的手段,通过野外观察能判断原岩类型就不需依赖岩石化学分析。变余残斑结构以钾长石的眼球状构造较常见,有时甚至可观察到正长石的卡氏双晶。在韧性变形的中基性变质深成岩中有时可观察到角闪石(辉石)的残斑结构,镜下观察这些残斑多已退变为透闪石集合体。

3.2.1.3 变质深成岩的产状和形态观察

变质深成岩与围岩的接触关系可为平行片麻理接触、韧性剪切接触、侵入接触或沉积接触等多种类型。它的产出岩呈基状、椭圆状、带状、脉状、不规则状等多种形态,在植被不发育地区通常可以借助遥感解译勾画出变质岩体形态,有时还可结合地球物理场和地球化学场特征勾绘边界和产状。

3.2.1.4 内部包体和岩脉的观察与研究

变质深成岩中的包体包括深源包体、变质表壳岩包体、先存片麻岩包体、拉断的变质基性岩墙团块等。研究内容有:①包体的岩石类型、结构构造、大小形态;②包体内部的组构特征及其与主岩组构之间的关系,与主岩片麻理是平行、斜列,或交切等关系;③包体的分布、排列,是单个还是密集成群出现;④包体的动力学标志,如压扁拉长、布丁化、不对称的拖尾等。

变质深成岩中常可见不同成因、不同期次、不同类型的脉体或岩墙穿切。对脉体和岩墙的种类、内部组构、产状、形态、变形变质特征以及与主体岩石之间的关系等都要注意观察描述和研究。

3.2.2 高级变质深成岩的观察

造山带的高级变质深成岩通常可划分高压型和高温型两种类型。高压型产于造山带的深俯冲板片背景,多见含白云母的花岗质片麻岩。高温型多产于造山带的岩浆弧构造背景,一般多为条带状片麻岩或混合质片麻岩。部分出露于造山带中的微陆块上,可能是微陆块上的前寒武纪变质基底，也有可能是遭受了造山变质作用改造的显生宙深成岩。

3.2.2.1 岩石类型的确定

高级变质深成岩或多或少存在部分熔融作用，出现一些浅色条带或脉体，给岩石定名带来一定困难。野外工作时尽量寻找部分熔融脉体较少的部位进行观察，根据变质矿物组合按照变质岩命名方法进行岩石命名。部分熔融程度较高时，应分别观察基体和脉体的矿物成分和所占比例，采用综合平衡的方法命名。通常情况下高温型多为TTG片麻岩，少量二长质片麻岩。矿物成分常见黑云母、角闪石、单斜辉石和石榴石，偶见紫苏辉石。高压型多为花岗闪长质-二长花岗质片麻岩。矿物成分常见白云母（多硅白云母）、石榴石、黑云母、角闪石。

3.2.2.2 结构构造的观察

高级变质深成岩很难保存岩体的原生结构构造，一般为中粒-中粗粒变晶结构、条带状-片麻状构造，尤以条带状构造为主。条带状构造通常可见两种类型：一种是造山过程中遭受强烈变形变质作用形成的条纹条带状构造；另一种是造山晚期减压抬升过程中发生部分熔融作用形成的条带状构造，虽脉体也大致沿岩石的片麻理分布，但常见脉体的穿切现象。因此高级变质深成岩结构构造观察的两个基本要素是变形强度和部分熔融程度。

3.2.2.3 变质程度的观察

高级变质深成岩在造山带和前寒武纪克拉通（地盾区）表现形式不同，前寒武纪克拉通高级变质区深成岩的变质程度可以直接反映在变质矿物组合上，如冀东的三屯营紫苏花岗片麻岩。一些复杂造山带中高级变质深成岩因遭受了较复杂的演化过程，往往需要通过其内部包体变质矿物组合的观察才能确定变质深成岩曾经达到的变质级别，如大别-苏鲁造山带中许多变质深成岩的变质矿物组合并未反映榴辉岩相的变质作用,但其中含有许多榴辉岩和变质表壳岩的包体,证实其曾经遭受了榴辉岩相的变质。有时需要通过精细的矿物学研究才能判断其变质程度,如苏鲁造山带东海超深钻中的花岗质片麻岩,通过花岗片麻岩中锆石的内部包体研究确定存在榴辉岩相的包体矿物组合,证实这些花岗质片麻岩遭受了高压-超高压变质作用。

需要注意的是,不能将岩体侵位过程中捕获的围岩包体与共同卷入造山变质作用的包体混淆,中深变质深成岩中的大多数基性岩包体(斜长角闪岩和基性麻粒岩)是侵位的岩墙遭受变形变质作用的产物。

3.2.2.4 变质深成岩的序列和形成时代的初步确定

变质深成岩的序列和形成时代主要是通过不同岩石单位之间的切割关系以及所含包体、脉体,与变质变形事件之间的关系来确定其相对序次和时代。佐以同位素年代学研究,可较好地确定时代和解释其地质意义。

3.3 特殊变质岩的观察与研究

特殊变质岩主要包括榴辉岩、蓝片岩、高压麻粒岩、超高温变质岩等。

3.3.1 榴辉岩

榴辉岩是高压变质作用的标志性岩石类型,通常意义上所谓的"榴辉岩相岩石"应是以榴辉岩为代表的一套高压变质岩石组合。

3.3.1.1 榴辉岩变质岩石组合的观察与研究

由于金伯利岩和层状超基性岩中可以见到呈包裹体形式存在的榴辉岩,因此并非所有的榴辉岩均产于造山带的深俯冲板片中。造山带的榴辉岩往往与其他中高压变质岩石类型共生,通常情况下可分为中高温榴辉岩组合和低温榴辉岩组合。

中高温榴辉岩组合主要岩石类型有榴辉岩、角闪榴辉岩、蓝晶石榴辉岩、硬玉石英岩、白云母石英片岩、石榴二云片岩、大理岩、石榴斜长角闪岩、角闪辉石岩、基性麻粒岩、花岗片麻岩等。

低温岩石组合主要岩石类型有蓝闪石榴辉岩、蓝闪片岩、硬柱石蓝闪片岩、绿泥片岩、白云母石英片岩等。

3.3.1.2 榴辉岩的产状观察

榴辉岩一般有两种产出状态，具体如下。

（1）呈夹层状、透镜体产于角闪岩相和麻粒岩相岩石中。可以呈夹层状、透镜体产于角闪岩相和麻粒岩相变质表壳岩中，或是呈透镜体产于角闪岩相变质深成岩中。其中，前者的原岩多为变质表壳岩，后者的原岩多为基性岩。也可以是榴辉岩与其他变质表壳岩一起呈透镜体存在于花岗质片麻岩中。

（2）呈夹层或透镜体产于蓝闪石－硬柱石片岩相岩石中，其原岩一般为变质玄武岩，有时可见残留的枕状构造。

3.3.1.3 榴辉岩矿物成分的观察与研究

榴辉岩矿物成分的观察研究应分为野外和室内两个步骤，野外主要是识别榴辉岩或榴辉岩相岩石组合，室内主要是通过岩石矿物学研究确定岩石的变质矿物组合及其演变关系。只有野外准确识别榴辉岩岩石类型，才能有的放矢地采集系列标本。

榴辉岩主要由绿辉石和富镁的石榴石构成，野外观察常见的变质矿物还有角闪石、白云母、石英、蓝闪石、硬柱石等矿物，有时可观察到石榴石的"白眼圈"构造。

镜下观察，榴辉岩中常见矿物还有蓝晶石、尖晶石、透辉石、顽火辉石、金红石、斜黝帘石、榍石、黑云母等矿物，退变质强烈时出现斜长石（多呈石榴石冠状体形式产出）。

仔细研究，特殊情况下可发现柯石英和金刚石等超高压变质矿物。

3.3.1.4 榴辉岩结构构造的观察

榴辉岩多呈粒状变晶结构，块状构造，有时可见变斑状结构、糜棱状结构，随原岩性质不同和变形强度不同可见薄层状构造、片麻状构造或条带状构造。

3.3.2 蓝片岩

中国蓝片岩带分布较广泛，最初蓝片岩是指含有蓝闪石的岩石类型，称为蓝闪石片岩。由于真正的蓝闪石矿物数量较少，且只出现在少数蓝片岩带中，现今采用的广义的蓝片岩指含有钠质闪石的岩石类型，包括青铝闪石和镁钠闪石等矿物。

3.3.2.1 蓝片岩岩石组合的观察

蓝片岩可以出现在不同类型的原岩建造中，故不同的蓝片岩带的岩石组合有所不同。蓝片岩最主要的原岩类型为基性火山岩，其次为火山碎屑岩、泥砂质碎屑岩和少量杂质碳酸盐岩。常见的岩石类型包括蓝闪绿泥片岩、青铝闪石钠长片岩、黑硬绿泥石片岩、镁钠闪石绿帘绿泥片岩、蓝闪长英质片岩、蓝闪多硅白云母片岩、蓝闪石榴钠长阳起片岩、红帘石片岩、白云钠长片岩、绿帘钠长片岩、蓝闪石大理岩、石榴白云石英片岩等。上述岩石类型多数在野外较难识别，易识别的主要是蓝闪石片岩和白云母石英片岩。

3.3.2.2 蓝片岩的结构构造和矿物成分的观察

典型的蓝片岩为灰绿色—粉红色，含有呈紫罗兰色到黑色的长条状蓝闪石变斑晶，一般具有细粒鳞片变晶结构或是纤维变晶结构及片状构造。

蓝片岩矿物成分较复杂，野外能识别的主要有钠质闪石（蓝闪石）、绿泥石、（多硅）白云母、黑硬绿泥石、钠长石、石英。偶见石榴石、方解石、阳起石、磁铁矿等矿物。

镜下观察结合电子探针分析可以识别的主要的、标志性的、高压变质矿物有青铝闪石、蓝闪石、镁钠闪石、冻蓝闪石、蓝透闪石、黑硬绿泥石、多硅白云母、红帘石等，偶见硬柱石、硬玉、文石和迪尔闪石。

3.3.2.3 蓝片岩的产状观察

蓝片岩的分布较榴辉岩更为广泛，多产于不连续和高度变形的构造带中，常与绿片岩、榴辉岩等共生，代表造山带中的俯冲板片。

3.3.3 高压麻粒岩

高压麻粒岩为一种含有石榴石的基性麻粒岩，主要矿物成分为石榴石、单斜辉石和石英，其次为斜长石和磁铁矿，常见石榴石的"白眼圈"减压结构。有时可观察到在退变质过程中由单斜辉石（角闪石／紫苏辉石）＋斜长石组成的后成合晶。

高压麻粒岩多出现在克拉通区的古老造山带中，近几年在显生宙造山带中逐渐见有报道，如柴达木盆地北缘、阿尔金山、西藏安多、西昆仑康西瓦和东喜马拉雅构造结等地发现有高压麻粒岩存在。高压麻粒岩多呈不同规模的透镜体产于花岗质片麻岩或变质表壳岩组合中，宏观上常断续延伸呈带状分布，与中高温榴辉岩的产状类似。

3.3.4 超高温变质岩

超高温变质岩分布局限，但因其特殊的变质温度条件而为岩石学家们所关注。活动性板块边缘的岛弧岩浆作用可能与超高温变质作用有关，地幔岩浆的贡献可能是导致其高地温梯度的重要原因。也有学者提出洋中脊俯冲的模式。超高温变质岩一般指在中压 7~13kbar、变质温度为 900~1000℃ 条件下深部地壳发生变质作用而形成的岩石。主要标志是一些指示性矿物组合，如假蓝宝石＋石英、尖晶石＋石英、紫苏辉石＋夕线石 ± 石英等，以及含大隅石的组合，一般产于富镁铝的变泥质岩中。超高温变质岩野外不易把握，通常与其他高温变质岩共生，需要通过大量岩石薄片的研究才能确定。

中国的超高温变质岩主要出露在内蒙古的集宁—包头一线孔兹岩带中,这一带被认为是华北克拉通古元古代造山带。该带的超高温变质岩以含尖晶石和假蓝宝石为特征,主要矿物成分为石榴石、夕线石、堇青石、黑云母、紫苏辉石、斜长石和石英等。阿尔泰造山带也报道有超高温变质岩的存在,主要矿物组合为超高温尖晶石+斜方辉石+石榴石(图3-5)。而其他一些地方报道的超高温变质岩目前尚未发现标志性的矿物组合,其超900℃的变质温度多由温压计计算得出。

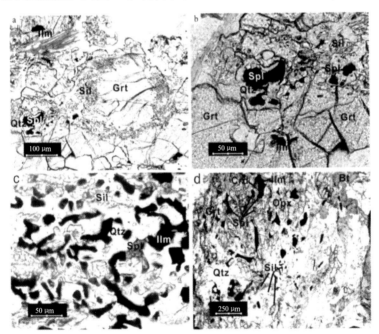

图3-5 阿尔泰超高温麻粒岩的显微照片(据厉子龙等,2010)

a.尖晶石与石英直接接触,夕线石沿石榴石呈环状分布,且两者都被包裹在石榴石变斑晶中;b.在a左中部的局部放大,清晰可见石榴石中的尖晶石、石英直接接触,尖晶石与钛铁矿共生;c.石榴石变斑晶中尖晶石呈细小颗粒与石英共生;d.石榴石变斑晶中尖晶石与石英、钛铁矿直接接触,石榴石边部或附近有斜方辉石、夕线石、石英,还可见退变黑云母

4 变质岩的构造观测与研究

变质岩的构造解析应自始至终贯穿于构造变形序次的调查研究过程中，判断构造形迹的性质应优先于判断构造形迹的形态。

4.1 面理的识别与测量

变质岩的面理按序次可以划分为变余层理（S_0）、片理/片麻理（S_1）、褶劈理/折劈理/置换片理（S_2），有时局部会出现晚期韧脆性过渡的膝折构造（S_3）。在一些遭受多期造山作用改造的变质岩中，早期的构造形迹很难保存。若无法判断置换面理是 S_2，还是 S_3 或是更晚序次的面理（S_{n+1}），仍然建议按 S_2 对待。

4.1.1 变余层理 S_0

在中浅变质地层中，岩石的原始层理能够较好保存，甚至粒序层理、交错层理亦能保存。在填图过程中应在不同部位的露头上测量变余层理的产状。区域上不同部位的变余层理产状可以反映出层理褶皱的形态。注意不可将强烈韧性变形动力重结晶形成的条带状构造当作变余平行层理对待。

4.1.2 片理或片麻理（S_1）

S_1 面理可以出现在不同类型不同变质程度的变质岩中。板岩中一般称为板劈理或流劈理，由细小的绢云母、绿泥石等矿物构成，有时出现结晶不完全的黑云母等矿物呈斑点状分布则称为斑点板岩。千枚岩中称为千枚理，主要由细小的绢云母和绿泥石等变质矿物构成，变质结晶矿物还包括雏晶黑云母、黑硬绿泥石、锰铝榴石等变斑晶矿物。片岩或变粒岩中的片理主要由黑云母、白云母、斜长石、角闪石、绿泥石、滑石等片柱状矿物构成，常可见其他石榴石、红柱石、十字石等变斑晶矿物。片麻岩（包括变质表壳岩和变质深成岩）中的片麻岩主要由黑云母、角闪石、辉石及长石等矿物构成。在较纯的石英岩、大理岩等缺少片柱状矿物的岩石中一般难以显示片理构造，只有遭受韧性剪切变形时才会出现定向构造（如片状石英岩）。

S_1 片理或片麻理是一种透入性的面理构造，是因岩石中新生变质矿物沿一定应力方向分布而显现，在野外露头上同一岩性层中的 S_1 面理具有均一性（透入性）。对于发生了部分熔融作用的条带状片麻岩中的片麻理构造在判别其构造属性（是否属于 S_1）时应慎重。

S_1 面理与 S_0 变余层理多数情况下两者是一致的，只有在层理褶皱（以层理为变形面的褶皱构造）的转折端才会出现层片交切现象，且转折端的不同部位层片交角大小不同。在野外露头难以观察到层理褶皱的形态时，可以根据层片交角的变化判断褶皱的形态与规模。在浅变质地层中，由于热动力条件较低，难以辨别不同岩性层间力学性质的差异，且层面边界亦有制约作用，通常会出现弧形劈理或劈理折射现象。弧形劈理反映了原始沉积地层的粒序结构，具有地层指向意义（类似于斜层理，但指向相反）。劈理折射反映了原始沉积地层不同成分的薄层相间交替出现。通常在相同的褶皱部位，泥质层中层片交角较小，劈理密集发育；而在砂质层中层片交角相对较大，劈理稀疏。

野外路线地质调查时，应在不同露头上分别测量岩石中的 S_1 面理。当出现层片交切关系时，应同时测量 S_1 面理与 S_0 变余层理，通常 S_1 面理的产状相对稳定，而 S_0 变余层理产状变化较大。

4.1.3　褶劈理或折劈理（S_2）

S_2 面理是以 S_1 面理（千枚理、片理或片麻理）为变形面发生褶皱（片理褶皱）或剪切变形的产物，往往呈细小的褶皱构造产出，其面理可代表片理褶皱的轴面产状。S_2 面理（褶劈理或折劈理）多出现在片状矿物较发育的千枚岩和片岩中，随变形强度的不同可分别反映为细小宽缓的波纹褶皱、细褶皱（crenulation）、褶劈理、折劈理、构造置换片理。S_2 面理是间隔性面理，而非透入性面理，通常由间隔性排列的剪切面（带）和其间的微劈石组成，沿剪切面（带）出现云母、绿泥石等新生变质矿物，在微劈石中可见残留的 S_1 面理构造。构造变形和变质作用较强时，S_1 面理几乎完全被 S_2 面理所替代，但细微处仍可观察到片理褶皱残留，且岩石中 S_2 面理在透入性和平整性上与 S_1 面理比较仍有明显差异，此时的 S_2 面理多由黑云母、白云母、夕线石等矿物构成，片状矿物多绕石榴石变斑晶分布（除晚期结晶的晶型完整的石榴石除外）。故在中高级变质岩中判别 S_1 面理应特别慎重，大多数情况下露头上展现的片理或片麻理为 S_2 面理。这可能反映出造山带岩浆弧或活动大陆边缘一侧的热动力学背景，即变质热峰期滞后于构造变形峰期。

野外路线调查时，应尽量在露头上区分岩石中各种面理的性质和序次，并测量产状，通常应同时记录多组产状。当野外难以把握时，应及时采集标本进行薄片镜下识别，观察薄片中是否存在由云母类矿物构成的无根小褶皱，石榴石、十字石等变斑晶中是否存在与周围不一致的片理残留。因此要求野外地质调查人员明确采集标本的目的，并亲自观察镜下特征，薄片下许多细节是薄片鉴定人员难以提供的。

4.2 线理的识别与测量

线理的识别与面理的识别是一项相辅相成的工作，因此建议按照线理的性质和序次进行分类描述。线理和面理均是造山作用过程中递进变形的产物。

4.2.1 早期线理（L_1）

早期线理指造山过程中岩石层理发生褶皱形成 S_1 面理的过程中共生的线理构造，最常见的早期线理构造（L_1）是交面线理，其次为褶皱枢纽和"石香肠"构造或"窗棱"构造。

L_1 交面线理是指变质地层层理面（S_0）与片理面（S_1）之间的交线，通常与褶皱枢纽一致，代表"B"线理。这种交面线理必然出现在层理褶皱的转折端部位。在褶皱的翼部，层理面（S_0）与片理面（S_1）一致，不能观察到交面线理，但在 S_1 片理面上通常也可见到一组不甚发育的线状构造，亦可代表褶皱枢纽的产状。

野外观察时，同一露头上应测量不同类型线理的产状，并与相应的面理构造产状组合记录。

4.2.2 晚期线理（L_2）

晚期线理（L_2）指造山过程中 S_1 片理发生褶皱变形时形成的线理构造，最常见的晚期线理构造（L_2）是皱纹线理，其次为交面线理和褶皱枢纽，亦可见"石香肠"构造。

L_2 皱纹线理是先存片理（S_1）发生褶皱变形时形成的一组微褶皱枢纽平行排列而显示的线理，其线理方向一般平行于同期大褶皱的枢纽方向。当褶劈理（或折劈理）的劈理面较发育时，也会形成一组交面线理，这组交面线理是劈理面（S_2）与片理面（S_1）的交线。

同理，褶皱枢纽（L_2/F_2）是片理（S_1）发生褶皱的产物，一般由能干性较强层体现，往往有褶劈理或细褶皱与之配套。

4.2.3 韧性剪切变形线理

韧性剪切是造山带中常见的变形构造，不论是早期层理褶皱变形期间还是后期片理褶皱变形期间均可以伴随韧性剪切变形。当发生韧性剪切变形时就可能形成"A"线理，而与上述"B"线理不同，韧性剪切变形线理通常包括拉伸线理、杆状构造线理、矿物生长线理和矿物集合体线理。其形成序次判别应与相应的区域构造变形结合。

拉伸线理是由拉长的砾石、鲕粒、岩屑、矿物颗粒或集合体等平行排列而显示的线状构造，是岩石组分发生塑性变形而拉长的结果，线理方向与该处的最大伸长方向一致，也与剪切褶皱（A型褶皱或鞘褶皱）一致。

杆状构造线理是线状构造岩（糜棱岩）中常见的线理构造类型，往往与石英质成分的拔丝结构相伴随。

矿物生长线理是由针状、柱状或纤维状矿物的长轴平行排列而成，是在变形变质过程中矿物顺拉伸应力方向重结晶的产物。因此也与拉伸线理、鞘褶皱等韧性剪切线理一致。

矿物集合体线理类似于拉伸线理，但在矿物变形过程中通常发生了退变质作用，如原来的角闪石、辉石类矿物在韧性剪切过程中变成了云母类矿物集合体。

4.3 褶皱构造观测

4.3.1 褶皱构造序次的区分

造山作用过程中褶皱构造通常可以划分为早期层理褶皱（F_1）和晚期片理褶皱（F_2），后期有可能遭受叠加变形，但往往与变质作用无关。对于先存变质岩系卷入了另一次造山事件，应根据后期造山事件的改造程度进行具体分析。通常情况下，早期层理褶皱很难保存，早期变形历史也很难恢复。因此建议从最新一期开始，由新到老，逐次分解解析，重点解析最后一次造山事件的构造形迹。

早期层理褶皱（F_1）即以层理（S_0）为变形面发生的褶皱构造，其显著特征是存在一组透入性的面理构造（S_1），在褶皱转折端部位可见透入性片理切穿变余层理，因此识别层理褶皱主要依靠层片交切关系的观察。在不能直接观察到褶皱枢纽的露头上，依据层片相交的角度和相互关系可以大致判断所处的褶皱部位。

晚期片理褶皱（F_2）是以片理为变形面形成的褶皱，其显著特点是通常会形成一组褶劈理构造,在褶皱的转折端可以观察到片状矿物绕转折端分布,或是在转折端部位片状矿物分布不一致,有平躺的,也有直立的。

4.3.2 褶皱形态观测

褶皱形态和产状与变形强度、应力作用方式、变形岩层的岩石类型和变形岩层的结构构造等因素相关。褶皱形态和产状也是地质图图面表达的重要内容。

野外地质调查过程中,可以通过对标志层、变质地层的层序标志和产状变化等的追溯填绘出褶皱构造的宏观形态,但首先应确定褶皱构造的性质(序次)。

4.3.3 叠加褶皱分析

叠加褶皱通常难以在露头上直接观察到,往往需要通过构造形迹组合的分析,才能确定褶皱构造的叠加形式。造山带的造山过程通常是一个由俯冲—挤压的递进过程,因而造山过程中的褶皱叠加往往是共轴叠加,这也可以作为判断造山带变形的一个标志。

野外地质调查只要能在野外露头上观察到早期层理褶皱的枢纽和片理产状,以及晚期褶劈理面和皱纹线理的产状,就可以判断褶皱的叠加类型。同一露头上有时很难得几种构造要素均出露齐全,这时需要对一定区域内的各种构造形迹(包括 S_0 及其层序指向)利用赤平投影进行统计分析。通过剖面的精细测定也是恢复褶皱形态和判断叠加样式的一种有效手段。

4.3.4 构造置换

构造置换很大程度上是一个韧性剪切构造带变形强度的概念,从弱变形域到强变形域,褶皱形态由 M 型到 N 型再到 I 型。大量的野外实践表明,构造置换与下列几个因素相关:①变形强度,即韧性剪切变形强度;②变质作用强度,通常变质程度较高时构造置换较彻底;③变形变质作用的不同阶段,通常早期层理褶皱即使发生构造置换，仍可追溯到沉积层理的包络面产状，更多的构造置换发生在片理褶皱阶段。

4.4 韧性剪切带的观测与研究

造山带变质岩石中经常伴随有不同规模的韧性剪切构造带，较浅构造层次的韧性剪切带的观察可参考区域构造章节。中深构造层次的韧性剪切带表现形式不同，难以观察到通常意义上的糜棱岩。最常见的构造岩类型是条纹条带状片麻岩或构造片岩，往往呈平直的板状岩带产出，表现在矿物颗粒上是出现长石条带、角闪石或辉石链状分布，石榴石变斑晶出现压扁、拉长、定向等现象。野外地质调查主要是观察强变形带的分布形式、规模和产状，收集各种判断剪切指向和判断变形强度的各种证据，采集相应的分析测试标本（包括定向标本）。

5　变质岩原岩恢复

变质岩的原岩恢复,就是将所研究的变质岩恢复到它原始的、相当于变质前的岩石面貌。恢复原岩的首要任务是查明原岩性质,区分正变质岩(原岩为火成岩)与副变质岩(原岩为沉积岩)。正变质岩原岩包括侵入岩和火山岩两种产状不同,但化学成分相当的岩石;副变质岩原岩包括陆源碎屑岩和内源沉积岩两类产状类似,但化学成分显著不同的两类岩石。

恢复原岩除要查明变质岩的原岩性质(成因类型)外,还应尽可能恢复原岩的岩石类型(如花岗岩、玄武岩、长石砂岩、页岩、流纹质凝灰岩、泥灰岩等)。在此基础上才能进一步确定原岩建造特点和形成时的地质构造环境,确定含矿建造的性质和特点。

变质岩原岩恢复的依据是变质岩的基本特征。普遍认为变质岩原岩恢复的标志主要有4个方面,即地质产状和岩石组合、岩相学、岩石地球化学及副矿物。尽管4个标志均可以恢复原岩,但以地质产状、变余结构构造、副矿物特征等原生标志最为可靠,应该注意寻找。由于强烈变形常消除岩石的这些原生标志的记忆,因此可在弱变形域特别注意寻找这些原生标志,切不可以过度依赖地球化学方法,地球化学标志只能起辅助作用。

5.1　地质产状和岩石组合标志

5.1.1　地质产状

(1)与围岩的侵入接触关系是鉴别变质侵入体的可靠标志。随着变质岩区地质调查和岩石学－构造地质学研究的深入,在原来认为的混合岩化中深变质地层(片麻岩)中解体出大量变质侵入岩,特别是"TTG岩系",解体的最重要依据就是与围岩的侵入接触关系。

（2）呈层状，与围岩整合接触和韵律性递变关系，是变质沉积岩和变质火山岩的特点。而厚度变化较大、与围岩突变的接触关系、底面起伏超覆于不同地层之上、岩浆通道存在等特征，是区分层状火山岩与沉积岩的标志。由于强烈变形出现局部整合一致的成分层，因此这些标志均需谨慎使用。

5.1.2 岩石组合

正常沉积型原岩，常具有完整的沉积旋回和韵律，变质后形成变质岩，如石英岩－石英片岩－片岩－大理岩变质岩组合，常形成大的旋回，为典型的沉积岩系。

前寒武纪广泛分布的大理岩和高铝片岩（夕线石片岩等）组合、铁硅酸盐岩石与夕线石－黑云母片麻岩组合，大多数研究者认为其原岩为沉积岩。

角闪岩与富铝片岩（蓝晶石片岩、夕线石片岩）和石英岩组合也很典型、广泛。例如俄罗斯科拉半岛和外贝加尔古老变质地层中正、副角闪岩在该组合中的特点不同。正角闪岩独立地产于地质剖面不同部位，特别是大型韵律的界面处。该组合中，虽然可见白云岩，但是一般不会出现大理岩。副角闪岩往往构成石英岩－黑云片麻岩－蓝晶黑云片麻岩这种韵律的终结部分。由泥灰质岩石形成的副角闪岩的特征是与大理岩共存并往往相互过渡。

变质火山岩表现为火山或火山沉积旋回，具有不同形式的组合，包括基性或酸性熔岩和凝灰岩、火山间歇时期的沉积岩等组合，如柴达木盆地北缘达肯大坂岩群斜长角闪片岩（基性火山岩）与黑云石英片岩（沉积岩）"互层"状产出。其中往往有岩墙和岩床，构成火山岩系火山沉积的韵律和旋回，一般不如正常沉积的有规律，渐变特征也不如正常沉积清楚。在这类地区产出的岩墙、次火山岩，与围岩在岩性上常有相似之处。变质火山岩系的岩石组合因形成条件不同而不同，有的形成由基性到酸性的完整火山喷发旋回，如柴达木盆地北缘达肯大坂岩群变酸性火山岩与斜长角闪片岩（基性火山岩）"互层"状产出，有的则旋回不完全。因火山作用的地质环境不同，可分别形成陆相喷发或海相喷发的岩石组合，其中，陆相组合为玄武岩－安山岩－流纹岩组合，海相组合为细碧－角斑岩系和绿岩建造等，其中往往有硅质岩、碳酸盐岩等夹层。

5.2 岩相学标志

岩相学标志包括变余结构构造和变质岩矿物成分两方面。

5.2.1 变余结构构造

前面所讲的变余结构构造是恢复原岩性质最可靠的证据之一，如具有变余辉绿结构的变质岩原岩是辉绿岩，具有变余砂状结构的变质岩原岩为沉积岩。资料表明，即使在深变质区内，仍可找到某些变余结构构造，如变基性熔岩的枕状构造，沉积岩系中的砾状构造，在变形中会有压扁，但总体的构造特征仍可识别。由于强烈变形可以置换原生结构构造，所以必须在弱应变域找寻。因此，不仅要在岩石薄片观察时注意变余结构构造，而且在变质岩区的野外地质调查时更要把变余结构构造作为工作的重点。

5.2.2 变质岩矿物成分

变质岩的矿物成分是原岩化学成分的反映，特别是在深变质条件下，变余结构构造罕见时，矿物成分成了主要的岩相学标志。通过矿物成分特点基本可以确定所研究变质岩的原岩属性。即使尚不能了解其原岩性质，但也可以使原岩考虑范围大为缩小。实践表明，在矿物学－化学研究基础上，详细合理地划分岩石化学类型，可取得更好的效果。

5.3 岩石地球化学标志

除伴有强烈交代作用的变质岩（气－液变质岩、混合岩）外，一般变质岩的变质作用过程中基本上是等化学，原岩的化学性质在常量元素、微量元素特征方面无明显变化，为用岩石地球化学恢复原岩提供了可能。尽管岩石地球化学通常只能起辅助作用，但当强烈的变质、变形使得地质产状和变余结构构造破坏、消除时，用岩石地球化学方法恢复原岩就显得尤其重要。

岩石地球化学方法恢复变质岩原岩通常是在统计的基础上，用各种岩石地球化学参数做出判别函数和判别图解，以判断原岩性质和类型。常用的岩石化学参数有氧化物质量百分数、氧化物摩尔数、元素原子数以及尼格里值。

5.4 副矿物标志

研究表明，变质岩中某些副矿物如锆石、独居石、磷钇矿、金红石等在变质作用过程中比较稳定，其原始大小，形状等特征可以保留至角闪岩相甚至麻粒岩相。因此，副矿物的种类、组合、含量、标型特征、粒度等可作为恢复原岩的依据。研究副矿物通常采集人工重砂样品和薄片镜下观察的方法。

用副矿物恢复原岩的主要标志如下文所述。

5.4.1 副矿物的种类及含量

对火山岩型原岩，磁铁矿、榍石、磷灰石等较多地出现于基性火山岩中，锆石、独居石、磷钇矿等较多见于酸性火山岩中。

对正常沉积岩型原岩，副矿物组合较为复杂。一方面取决于沉积岩的物源，另一方面又与原始沉积分异有关。因而，研究副矿物可区分副变质岩原岩类型，具体如下。

（1）泥质变质岩原岩类型：化学沉积的黏土岩几乎不含碎屑副矿物，10～20kg 的人工重砂样中，浑圆状的锆石、金红石颗粒很少。由坡积层冲刷、搬运、沉积生成的黏土岩，含有大量细小（< 0.01mm）的碎屑副矿物（注意这些细小的副矿物在人工重砂中不易发现，最好用平行层理的岩石薄片观察）；残积型黏土岩，含有母岩中的副矿物，且有少量粒度较粗（0.4~0.08mm）

的锆石。

（2）区分陆源碎屑成因的硅质岩石与化学成因的硅质岩：陆源碎屑成因的石英砂岩、石英粉砂岩，总是含有大量碎屑副矿物；化学成因的硅质岩，不含或有很少碎屑副矿物。

5.4.2 副矿物的标型特征

一般说来，晶型完整、晶棱清晰是岩浆侵入型原岩中副矿物的典型特点；有一定磨圆，大部分可能是火山－沉积成因的副矿物；磨圆显著、分选良好、表面粗糙无光泽和凹凸不平，有擦痕等大部分是沉积成因的副矿物。但是必须注意，单有浑圆形态，并不足以证明它们的碎屑成因，在碱性介质条件下，副矿物锆石、独居石将发生溶解而出现浑圆形状。

5.5 锆石作为变质岩原岩恢复的标志

锆石是三大类岩石中最常见的副矿物之一，来自不同类型岩石中的锆石往往具有不同的特征。综合锆石的外部形貌和内部结构特征，可以为判别变质岩的原岩性质提供可靠依据。

5.5.1 锆石形貌特征

5.5.1.1 锆石晶面和磨圆程度

典型的火成岩锆石常具有完好的晶形，晶棱锐利，晶面平直光滑，常见长柱状颗粒。通过锆石形貌分析还可进一步判断原岩的具体岩石类型。如在碱性岩、偏碱性花岗岩中，锆石的四方双锥很发育，而柱面不发育，晶体整体外貌呈锥状；在酸性花岗岩中，锆石四方双锥和四方柱均较发育，晶体外貌呈长柱状；在中—基性岩中，锆石锥面相对不发育，有时无锥面。

沉积岩中的锆石，绝大多数来自物源区各类岩石的风化产物。虽然锆石的莫氏硬度可达 $7 \sim 8$，但若经过长期的风化、搬运和磨蚀作用，也可被磨圆。一般情况下，在碎屑岩样品中，年轻的锆石多晶形完好，晶棱锐利，晶面平直光滑，常见柱状颗粒，接近火成岩中锆石的特征；而古老的锆石常常呈近网球状或卵形，表面粗糙，不见晶面。

变质过程中也可形成新生的锆石或者在原岩的锆石周围形成增生边。典型变质锆石最显著特征是由众多的晶面组成，看似浑圆粒状、椭圆粒状及长粒状等形态的变质锆石很常见。在双目镜下，变质锆石常呈粒状，表面光洁清晰。它们没有锥面和柱面之分，即使是外形呈现长粒状的锆石，其"柱面"实际上也是由众多的晶面组成的。这一结晶特点与岩浆锆石具有显著的区别，后者锥面和柱面常发育完善。

5.5.1.2 锆石延长系数（长宽比）

沉积岩中的锆石长宽比一般不超过 2，火成岩中的锆石长宽比因岩石类型不同而不同，如基性岩中锆石长宽比很大，一般为 4~5，甚至更大；碱性岩中锆石长宽比一般小于或等于 2；花岗岩中锆石长宽比一般小于 4；变质岩中的新生锆石或锆石增生边有时呈等轴状，其长宽比接近 1。虽然也常见卵形或柱状的变质锆石，但仔细观察通常可以在它们的表面发现众多的小晶面。

5.5.1.3 颜色和透明度

火成岩特别是年轻的火成岩中的锆石，一般透明度较好，岩石常呈浅黄色。通常越老的火成岩锆石颜色越深，元古宙或太古宙火成岩中的锆石常呈深棕色至玫瑰色，透明度较差。沉积岩中锆石多来自物源区各种不同时代的岩石，常以年轻的浅色和透明锆石为主，并有少量深色、透明度差的锆石。当然，古老的沉积岩中锆石来自古老岩石，其颜色深、透明度差。

5.5.1.4 锆石内部结构特征

在阴极发光图像中，典型的火成岩锆石常常显示振荡环带，振荡环带的宽窄与其结晶温度、结晶速度有关。此外，有的锆石还见有原岩中未被完全熔融的继承锆石核。此外，岩浆锆石中还可能出现扇形分带的结构。这种扇形分带结构是由于锆石结晶时外部环境的变化导致各晶面的生长速率不一致造成的。变质锆石的内部结构常呈现无分带、弱分带、云雾状分带、扇形分带、面状分带和斑杂状分带等特征。

由于沉积岩通常来自多个物源区，或者物源区有多种类型的岩石，因此碎屑锆石的内部结构多样，既有火成岩锆石中常见的振荡环带结构，也有变质岩中常见的结构，如面状分带。

6 变质相（带）及变质作用类型划分

6.1 变质相（带）的划分

6.1.1 野外观察

通过前人资料，宏观了解了研究区的变质作用特点及变质带的大致分布。以变质岩剖面测制为重点，结合重点路线观察，确定变质岩石组合，初步了解主要岩石类型的变质矿物共生组合，研究变质带的基本类型，尤其注意采集对变质条件变化敏感的岩石类型标本，如变质泥质岩和变质基性岩。

6.1.2 室内研究与测试

详细鉴定各岩石类型的矿物成分，测定矿物含量，观察矿物间的接触关系，区分不同时代的变质矿物和变质矿物组合。对主要岩石类型样品进行岩石化学分析。在岩矿鉴定的基础上，选择代表性岩石类型和重要岩石类型（通常含特征变质矿物）磨制电子探针薄片进行单矿物成分分析，必要时结合扫描电镜和激光拉曼分析。

6.1.3 综合分析

确定变质矿物共生组合，进行组分分析，编制各变质带的共生图解。研究变质相（带）转变的变质反应，在地质图或剖面上标定矿物共生组合的变化，根据标型变质矿物的分布勾划变质带界线

6.1.4 变质相（带）组合研究

变质相（带）的组合形式可以划分为两个层次：一是同一变质相系不同的变质带在空间上有规律的排列；二是不同的变质相在空间上并列。

前者通常表现为递增变质带，可分为高压型、中压型和低压型。高压型区域变质，如日本的三波川变质带，泥质变质岩中指

示矿物依次出现绿泥石—白云母—石榴石—黑云母；中压型区域变质，如苏格兰达尔累丁的巴洛带，泥质变质岩中指示矿物依次出现绿泥石—黑云母—铁铝榴石＋十字石—蓝晶石—夕线石；低压型区域变质，如日本的领家带，泥质变质岩中指示矿物依次出现绿泥石—黑云母—红柱石—夕线石—石榴石。不同类型的递增变质带可以反映造山带的古地热状态、地温梯度和变质岩形成的大地构造背景。

后者通常表现为双变质带，指压力类型或变质相系不同但时代相近的两个变质带在空间上大致平行紧密共生，如我国台湾的东部玉里带和西部太鲁阁带。双变质带通常是板块俯冲拼合的标志。但是复合造山带的内部结构很复杂，许多造山带难以观察到递增变质带和双变质带，即使空间上存在双变质带也并不意味着一定是板块俯冲拼合带，需要从变质时代、构造关系和岩浆作用特征等方面综合分析。

6.2 变质作用类型划分

变质作用主要类型及基本特征详见表 6-1 和表 6-2。

表 6-1 变质作用主要类型及基本特征

主要类型	埋深变质作用		区域低温动力变质作用	
温度	极低温		低温	
压力	低压—中压	高压	中高压	低压—中压
应力	弱（可能受后期动力变质作用影响）		强（与造山作用有关）	
应力变质相及相系	浊沸石相、葡萄石-绿纤石相、低绿片岩相	浊沸石相、葡萄石相、蓝闪绿纤石相、蓝闪石片岩相	蓝闪绿片岩相、低绿片岩相	低绿片岩相、浊沸石相、葡萄石-绿纤石相、蓝闪绿片岩相
基础类型	浊沸石相和葡萄石-绿纤石相型	蓝闪石片岩-硬柱石片岩相型	蓝闪绿片岩相（过渡相）	低绿片岩相（千枚岩）型
花岗质岩浆作用	同构造期花岗岩	无同构造期花岗岩		同构造期花岗岩

续表6-1

主要类型	埋深变质作用		区域低温动力变质作用	
原岩建造	复理石-中酸性火山岩，部分深海沉积，碎屑岩-浊流岩沉积	蛇绿岩型；(层序性)深海复理石型(浅海—深海)（少量）	碎屑岩-碳酸盐岩型；复理石型同有基性-中酸性火山岩；红层型(滨海—浅海)（非层序型）	复理石型+基性火山岩；富钠火山岩沉积岩系
大地构造环境（大地构造位置）	陆间海槽，陆内和大陆边缘盆地	深断裂影响下沉的深海槽 洋槽残留洋壳	陆内或海槽型或广海型（浅海型—过渡型），同有深海槽（少）	陆内或陆间边缘海槽（浅海型—深海型过渡型），有深海槽存在

表6-2 变质作用主要类型及基本特征

主要类型	区域动力热流变质作用	区域中高温变质作用	
温度	低—中温（有时达高温）	中温（高温）	中—高温
压力	低压—中高压	中压—中高压	

续表6-2

主要类型	区域动力热流变质作用		区域中高温变质作用	
应力	中等—强		中等—强	
变质相及相系	低绿片岩相、高绿片岩相、低—高角闪岩相、麻粒岩相	低绿片岩相、片岩相、低—高角闪岩相、麻粒岩相	角闪岩相±高绿片岩相、麻粒岩相	麻粒岩相±高角闪岩相
基础类型	中压相系型	低压相系型	角闪岩相型	麻粒岩相型
花岗质岩浆作用 岩浆建造	混合花岗岩及同构造期花岗岩	复理石型,常含火山凝灰质岩石;复理石山质硬砂岩型;中酸性火山岩型(钙碱性火山岩系)	混合花岗岩及同构造期花岗岩	中基性火山岩及硬砂岩型;石英岩、碳酸盐岩型
大地构造环境 大地构造位置	陆内或陆间边缘海槽(浅海型为主)		原生地壳(中基性火山活动明显)	铁镁质或硅铝质原生地壳

7 变质岩大地构造环境分析

7.1 变质岩原岩形成的构造环境

变质岩原岩形成的大地构造环境主要通过变质岩原岩建造特征判断。对于浅变质区地层和岩体，可以参照沉积岩和岩浆岩研究方法判别岩石形成的大地构造环境。对于中深变质表壳岩和变质深成岩需要通过变质岩岩石组合调查、原岩恢复和同位素地球化学示踪来识别可能的大地构造背景。沉积岩和岩浆岩中一些典型的构造岩石组合类型在变质岩原岩形成构造环境的判别中依然有效。

7.2 变质岩形成的大地构造环境

变质岩形成的大地构造环境即造山变形变质时的大地构造环境。在陆缘造山带中，变质岩原岩形成与变质作用发生是一个连续的过程，两者的大地构造环境具有连续性。如柴达木盆地北缘的滩间山群和秦岭造山带中的二郎坪群。但在陆间造山带中变质岩原岩形成与变质作用发生时的大地构造背景截然不同。如扬子陆块北缘的耀岭河群具有双峰式火山岩建造特点，形成于与罗迪尼亚超大陆裂解相关的裂谷构造背景，但其蓝片岩相变质作用发生在晚三叠世，与扬子板块与华北板块之间的俯冲—碰撞事件相关。

变质岩形成的大地构造环境与变质作用类型密切相关。接触变质作用往往与后碰撞—后造山的岩浆作用相关；动力变质作用可以发生在造山作用过程中，也可以与造山作用无关。

新元古代以来的区域变质作用都与造山作用相关，只是不同变质作用特点的变质岩可以出现在造山带不同的构造位置，如低压高温变质岩出现在岩浆弧或岛弧带，高压低温变质带出现在俯冲带，而增生杂岩中则可能同时存在不同变质作用特点的变质岩。

判别变质岩形成的大地构造背景主要依靠变质岩石组合、变质温压条件、变质作用的 P-T-t 演化轨迹、变形作用特征、变质相带展布等要素，同时变质岩原岩组合也可以提供一些有用的信息。

过去在变质岩研究中通常认为与变质岩相关的构造层存在一期与构造运动相应的变质事件，实际上一些造成角度不整合关系的构造事件并不一定有变质作用相伴随。还有一种情况是后期变质作用强烈掩盖了早期可能存在的变质事件。

变质岩大地构造相分析既要重视变质岩本身的研究，还要注意与沉积岩、侵入岩、火山压和变形构造所反映的大地构造背景的综合分析。

8 不同类型造山带变质岩特征分析

8.1 陆缘造山带

8.1.1 变质岩石组合调查

陆缘造山带的岛弧和增生楔中发育不同的变质岩岩石组合。在岛弧带中发育岛弧火成岩组合和弧后盆地火山-沉积岩组合，变质岩中常可识别出TTG片麻岩组合和变质钙碱性火山岩组合（尤其是变质安山岩组合）。在俯冲增生楔中则发育变质的洋板块地层系统，常出现基性—超基性蛇绿岩（蛇绿混杂岩）组合、变质拉斑玄武岩组合及变质洋岛玄武岩组合等。

大陆边缘弧因俯冲作用的发生也可以出现与岛弧地区相类似的双变质带，太平洋东岸的旧金山高压低温变质带就属于此类型。自西向东依次为浊沸石带、绿纤石带、硬柱石和硬玉质辉石带。除上述与大陆边缘水平增生相关的变质作用外，还发育因大陆地壳底部底垫作用导致的垂向增生诱发的下地壳的麻粒岩相变质作用。

岛弧地区最典型的变质岩组合是由低温高压与高温低压组成的双变质带。低温高压变质带呈狭长状出现于大洋一侧，代表性的岩石组合为沸石相、葡萄石-绿纤石相、蓝闪石片岩相甚至榴辉岩相岩石，蓝闪石、绿辉石、硬柱石为其特征矿物。低压高温变质范围较宽，出现在岛弧一侧，代表性岩石组合为红柱石片岩相、角闪岩相系及麻粒岩相岩石，红柱石为其特征矿物。

8.1.2 变形变质作用研究

陆缘造山带中常发生区域低温动力变质作用和区域动力热流变质作用，形成广泛的低绿片岩相-低角闪岩相变质岩，变质作用的时代与变质地层的原岩形成时代较为接近。

岛弧带中以低压高温变质作用为特征，峰期变质矿物组合形成于峰期变形作用之后，掩盖了许多早期变形作用痕迹。俯冲增生楔中以强烈的剪切变形为特征，往往变形作用强于变质作用，在一些构造岩片中层片交切关系清晰。在弧后盆地变质地层中常展现出递进变形特征，可观察到早期层片交切关系和发育的褶劈理。

陆缘造山带的变质作用以顺时针的 P-T-t 轨迹占主导，但在岛弧带中有可能局部出现逆时针的变质 P-T-t 轨迹。

8.1.3 变质相带分析

陆缘造山带中常见双变质带。洋壳的俯冲形成以蓝片岩、低温榴辉岩为特征的高压/低温变质带，而在俯冲带上部因强烈的钙碱性岩浆活动，通常伴随低压/高温变质带的形成，构成传统意义上的双变质带。

陆缘造山带中高压型、中压型和低压型均有可能存在。蓝片岩相高压变质带中的特征变质矿物组合为蓝闪石、硬柱石、文石、硬玉＋石英。此外，还有绿泥石＋阳起石、多硅白云母、钠云母、黑硬绿泥石、钠长石、绿纤石、硬绿泥石、锰铝－铁铝石榴石、红帘石、楣石和金红石等，而黑云母很少出现。具体的矿物共生组合首先与原岩为基性玄武岩或长英质杂砂岩或碳酸盐岩有关。其次又决定于温压条件的变化，当压力递增时，典型矿物组合就有如下的变化。

（1）硬柱石＋钠长石＋绿泥石(石英、方解石、多硅白云母)(中压)。

（2）硬柱石＋蓝闪石＋钠长石＋文石(无石英时可出现硬玉)(高压)。

（3）硬柱石＋蓝闪石＋硬玉＋石英（极高压）。

压力更高时还可能有榴辉岩组合出现。随温度升高出现的完整高压相系应是高压葡萄石相—绿纤石相（次绿片岩相）—蓝闪片岩相—高压绿片岩相—高压绿帘角闪岩相。上述的高压变质地带通常相当于洋壳板块消减带（海沟），主要由基性火山岩及杂砂岩等组成，并有深海沟沉积相和蛇绿岩及混杂岩等伴生。

8.1.4 微陆块的研究

陆缘造山带中常存在一些比造山带更古老的微陆块或地块，这些微陆块通常存在先期变质作用并遭受了后期造山作用的强烈变形和变质作用改造；微陆块上可出现不同构造背景形成的变质岩石组合，如变质基性岩墙组合、变质钙碱性火成岩组合和变质碱性花岗岩组合等。

8.1.5 接触变质作用调查

接触变质作用在陆缘造山的岛弧带中较发育，主要由后碰撞-后造山的花岗质岩浆作用所产生。具体有如下特点：①局限在侵入体与围岩接触带附近围岩之中围绕侵入体分布，宽度数厘米到数千米不等；②因变质因素主要为温度，故变质岩石具变晶结构和无定向构造，在外带变余结构发育，可继承原岩定向性构造；③属于很低 P/T 变质（视地热梯度 $>80℃/km$），形成深度很浅（$P<0.3GPa$），矿物成分以红柱石、堇青石、硅灰石等低压矿物为特征；④出现从侵入体向外变质程度逐步降低的分带，可归纳为钠长-绿帘角闪岩相、普通角闪石角岩相、辉石角岩相、高热变质的透长岩相4个变质相；⑤接触变质岩往往有矽卡岩等交代岩伴生。

8.2 陆间造山带

陆间造山带为大陆地壳俯冲-陆陆碰撞的动力学系统所主导，变质作用以区域变质作用和动力变质作用为主，以形成高压—超高压变质带为特征。由于陆间造山带一般由陆缘造山带进一步俯冲-消减进而两个大陆碰撞而形成，故陆间造山带一定程度上也兼有陆缘造山带许多变形变质作用特征。

8.2.1 变质岩石组合调查

陆间造山带可以存在岛弧带，包括形成在活动大陆边缘的陆缘弧、造山带中微陆块上的岛弧以及残留的大洋岛弧，故可以出现变质钙碱性火成岩组合和变质岛弧火山－沉积岩组合；陆间造山带也可能缺失岛弧带，如大别－苏鲁造山带，在华北陆块一侧未出现岛弧带，这可能与俯冲板片的俯冲角度和大陆地壳性质有关，也可能是强烈抬升剥蚀的结果。

由于大陆地壳的俯冲，陆间造山带出现不同原岩性质的高压—超高压变质岩石组合，如花岗岩组合、大陆边缘沉积岩组合、大陆裂解的双峰式组合等。

陆间造山带可以存在不同规模的增生楔，故可以出现原岩为洋盆地层系统的各种变质岩石组合。

8.2.2 变形变质作用研究

陆间造山带变形变质作用强烈，以区域中高温变质作用为特色，同时存在区域低温动力变质作用和区域动力热流变质作用。变质作用的时代与变质原岩的形成时代可以是大致同时也可能相差甚远，两者时代接近主要出现在岛弧和增生楔中，两者时代不同主要出现在深俯冲的大陆边缘。

陆间造山带中不同的板片变形变质作用的表现形式不同。深俯冲板片以强烈的剪切变形为特征，常出现高压—超高压榴辉岩组合，并可能存在高压麻粒岩，难以保存原生构造和早期片理（片麻理）；俯冲的大陆边缘常出现蓝片岩－绿片岩组合，并有可能出现递增变质带，可以不同程度地保存原生构造，发育层片交切关系和褶劈理。在仰冲板块一侧除与陆缘造山带相似的岛弧带外，还可能存在相当于前陆盆地低绿片岩相的变质岩石组合，岩石中发育层片交切关系和逆冲推覆构造。

8.2.3 变质相带分析

陆间造山带的显著特征是存在高压—超高压变质带，是大陆深俯冲的结果。在大陆边缘弧上通常存在高温低压变质作用，与高压—超高压变质带可能构成双变质带。在高压—超高压变质带后靠俯冲大陆边缘一侧可能形成蓝片岩 - 绿片岩带,并可能展现出高压型递增变质带的特征。

在一些陆 - 陆碰撞造山带中,由于陆壳的俯冲 - 碰撞引起大陆地壳的强烈加厚,在增厚地壳的根部形成高压麻粒岩(如喜马拉雅东构造结),这种产生在增厚地壳根部的高压麻粒岩几乎与深俯冲大陆地壳所形成的超高压榴辉岩同时构成另一类型的"双变质带",并成为碰撞造山带的典型标志之一。

8.2.4 接触变质作用调查

陆间造山带中接触变质作用不发育,在陆缘弧上可能会出现由碰撞—后碰撞的花岗质岩浆活动所导致的接触变质作用。

8.3 陆内造山带

陆内造山带为远程传导(软流圈传导)的动力学系统,以动力变质作用为主,形成不同构造层次的糜棱岩、碎裂岩以及变质核杂岩等。

8.3.1 逆冲推覆构造的动力变质岩

逆冲推覆构造的动力变质岩主要出现在不同构造层次的脆 - 韧性剪切带中,形成一系列碎裂岩 - 糜棱岩。

8.3.2 与陆内造山过程同时形成的花岗质侵入岩(陆壳重熔型花岗岩)

这些侵入岩多为陆壳重熔型花岗岩,往往具有片麻理构造,如桐柏 - 大别造山带中的白垩纪花岗岩。

8.3.3 与滑脱伸展构造相关的变质核杂岩

往往是较早期形成的侵入杂岩在陆内造山过程中遭受剪切变形,在伸展构造背景下抬升剥露的结果,如北京云蒙山变质核杂岩。

9 变质作用与成矿

9.1 概述

由内生作用和外生作用形成的岩石或矿物,由于其所处地质环境的改变,温度和压力的增加,从而导致矿物成分、化学成分、物理性质以及结构构造发生变化,这种变化过程称为变质作用。由于变质作用形成的矿床,称为变质矿床。

在变质作用过程中,原有的岩石或矿床经改造而形成的矿床或原岩中成矿物质因热液作用迁移成矿,统称为变质矿床。已有的矿床受变质作用改造过的称为"受变质矿床",由变质作用新形成的矿床称为"变成矿床"。

9.2 变质矿床的基本特点

9.2.1 矿物成分和化学成分的变化

变质矿床的矿物成分和化学成分与原来的岩石或矿石相比有显著变化。变质矿床常见的矿物包括:自然元素类,如石墨、自然金;氧化物类,如磁铁矿、赤铁矿、金红石;含氧盐类,如磷灰石、菱铁矿、菱镁矿等;硅酸盐类,如红柱石、夕线石、蓝晶石、石榴石、硅灰石、石棉、滑石、蛇纹石、叶蜡石、绿泥石、蛭石等。随着矿物成分的变化,其化学成分也出现显著变化,具体化学作用如下。

(1)脱水作用。随着温度压力的升高,原岩中的水分被排出,进入岩石孔隙中,含水矿物发生脱水作用变成不含水矿物,如褐铁矿脱水变成赤铁矿或磁铁矿;硬锰矿和水锰矿变为褐锰矿和黑锰矿;高岭土、伊利石等黏土矿物变为云母、石英等。

(2)重结晶作用。高温高压下,原隐晶质转变为结晶矿物,如蛋白石和玉髓变为石英、碧玉岩变为石英岩、灰石岩变为大理岩、煤变为石墨。

（3）还原作用。在缺氧条件下，原来高价态离子转变成低价态离子，如赤铁矿变为磁铁矿。

（4）重组合作用。沉积物质在变质过程中可产生一系列新矿物，如高铝黏土物质形成红柱石、蓝晶石、刚玉等。

（5）交代作用。变质作用强烈时可产生大量化学活动性很强的流体，与原岩发生广泛交代作用，促使原岩中组分迁移富集，形成矿床。

（6）有机质分解作用。沉积岩中有机物在温压升高后发生降解和裂解，形成一些流动性很强的有机化合物流体，其与变质热液一起对金属物质的溶解、迁移和富集起控制作用。

9.2.2 矿石结构构造的变化

因变质作用影响，先存岩石和矿石的结构构造也会发生变化，随着变质程度的增加会依次形成千枚状、板状、片状甚至片麻状构造。动力变质作用则形成劈理构造、碎裂构造、糜棱岩构造。常见的结构为变晶结构，如鳞片变晶、斑状变晶和纤维变晶等结构，以及受热液作用后的脉状结构和交代结构。

9.2.3 矿体形态和产状

变质矿床矿体形态复杂，常出现透镜状、串珠状及不规则囊状矿体，有时也可见板状、层状矿体。矿体产状常具不同程度的褶皱和断裂，甚至直立乃至倒转。

9.3 变质矿床分类及实例

变质岩矿床的分类和实例见表9-1。

表 9-1　变质岩矿床的分类和实例

类型	主要亚类	实例
接触变质矿床	接触变质铁矿床	俄罗斯外贝加尔巴列伊铁矿
	接触变质石墨矿床	湖南郴州鲁塘石墨矿床
	接触变质红柱石矿床	河南西峡桑坪红柱石矿床
区域变质矿床	区域变质铁矿床	我国辽宁安山—本溪地区（Algoma型）铁矿床、澳大利亚的哈默斯利（Superior型）铁矿床
	区域变质金矿床	南非兰德盆地中金铀砾岩型矿床绿岩型金矿床、加拿大赫姆洛（Hemlo）金矿床、我国内蒙古大青沟新地沟金矿床
	区域变质磷矿床	江苏海州锦屏磷矿床
	区域变质石墨矿床	山东南墅石墨矿床
	区域变质石棉矿床	安徽宁国县透闪石石棉矿床
	区域变质蓝宝石矿床	新疆阿克陶蓝宝石矿床
混合岩化矿床	混合岩化硼镁矿床	辽东-吉南硼镁铁矿床
	混合岩化云母矿床	河北灵寿小文山碎云母矿床、我国台湾地区台东海瑞乡绢云母矿床
动力变质矿床	动力变质蓝晶石、夕线石矿床	河南南阳隐山蓝晶石矿床、黑龙江鸡西市三道沟夕线石矿床
	翡翠矿床	缅甸道茂翡翠矿床

9.4　常见的变质矿床

9.4.1　变质铁矿产

区域变质铁矿床是世界最重要的铁矿工业类型，该类型铁矿占世界铁矿总储量的 60%，富铁矿储量的 70%。在我国占总储量 48%，富矿储量的 27%。世界已发现的变质铁矿床实际上是形成于太古宙—古元古代的沉积含铁建造（图 9-1）经后期区域变质作用改造而成的条带状硅铁建造。

图 9-1 条带状磁铁石英岩

此类矿床在全球古老变质基底中几乎都有产出,面积广、储量大。根据该矿床形成时代及含矿建造的不同,可分为阿尔戈马型和苏必利尔型。

阿尔戈马型:形成于新太古代,形成空间和时间上与活动陆缘裂谷海底火山活动密切相关,发育于新太古代的绿岩带中。主要与绿岩带中上部的火山碎屑岩伴生,靠近浊积岩组合。原岩为基性火山岩及安山质岩、中酸性火山岩和黏土质沉积岩。原基性火山岩为变质的斜长角闪岩、角闪片岩、角闪斜长片麻岩、麻粒岩和变粒岩。此类铁矿石建造常具灰色—浅黑绿色的铁质燧石和赤铁矿或磁铁矿组成的硅铁建造(BIF)。矿带由一系列连续的、透镜状的含矿建造组成,如加拿大的阿尔戈马型铁矿和我国的鞍山式铁矿属于此类。

苏比利尔型:形成于古元古代,被动大陆边缘的开阔海盆地中。含矿建造层序由下而上都有白云岩、石英岩、红色或黑色铁质页岩、铁矿建造、黑色页岩和泥质板岩等。铁矿层中含燧石条带和铁矿石,含铁的氧化物相为磁铁矿或赤铁矿及两者的混合物。碳酸岩相以菱铁矿主为,硫化物相为黄铁矿,常含细粒富硅泥岩。澳大利亚的哈默斯利,美国和加拿大的苏必利尔湖区,加拿大魁北克的拉布拉多,南非的波斯特马斯堡,以及印度的比哈尔、奥里萨都是这类矿床。

9.4.2 变质磷矿床

变质磷矿床主要由海相沉积磷块岩经区域变质而成(图9-2、图9-3),围岩主要为云母片岩、石英白云母片岩和白云质大理岩,少数含绿石片岩、千枚岩。

图 9-2　变质磷块岩　　　　　图 9-3　白云质变质磷灰石

该矿床多赋存于前寒武纪中深区域变质岩系中,含磷岩系有片麻岩、变粒岩、云英片岩、白云质大理岩、碳质板岩,其原岩主要是细碎屑岩、砂质黏土岩、有机质泥岩、碳酸盐岩等一套夹有中—基性火山岩的组合。矿石主要由细晶磷灰石组成,次为白云母、金云母、石英。我国吕梁期(20～17亿年)是这类矿床的形成期,而江苏海州锦屏磷矿床是主要代表。

9.4.3 变质金矿床

变质金矿床有两种,早前寒武纪绿岩带金矿床和元古宙含金-铀砾岩矿床。

(1) 早前寒武纪绿岩带金矿床可进一步划分为原生型金矿床和再生型金矿床。原生型金矿床和绿岩带形成于同一地质事件,相同的地质构造环境,其又可细分为顺层细脉-浸染状金矿床和石英脉状金矿床,与 BIF 相关的细脉-浸染状金矿床矿体多以透镜状产出,矿石为含金硫化物型,由自然金、磁黄铁矿、毒砂和石英组成,虽分布不很广泛,但规较大;再生型金矿床是指绿岩带中的原生金矿床受变质作用重新改造,进一步富集形成的金矿床,如小秦岭、胶东地区的一些金矿床就属于此类(图 9-4)。

(2)含金-铀砾岩型金矿床。这类矿床产于前寒武纪石英片岩系的变质砾岩层内,目前仅在南非、加拿大等少数国家和地区发现,但规模巨大,以南非的兰德含金-铀砾岩型金矿床为典型(图 9-5)。

图 9-4 小秦岭地区典型金矿石　　图 9-5 南非兰德含金-铀的变质砾岩

9.4.4 石墨矿床

区域变质石墨矿床通常产于前寒武纪片麻岩、片岩、大理岩等区域变质岩系中。矿体中石墨呈鳞片变晶状,脉石矿物有云母、石英、方解石和长石,如山东南墅石墨矿是此类矿床的典型。

经含煤层系热接触变质形成的石墨矿床产于侵入接触带。石墨含量高,有时可达到 90%。

9.4.5 混合岩化热液硼矿床

此类矿床又称前寒武纪沉积变质再造硼矿床,分布于甸辽东—吉南一带,主要含硼层位是新太古代的宽甸群,以富硼的变粒岩、浅粒岩为主,混合岩化强烈,其原岩是一套海底火山喷发沉积-黏土岩夹镁质碳酸盐岩建造。硼矿体产于含硼岩系的蛇纹石化白云岩和白云菱镁岩层中,具体的矿石组合包括硼镁铁砂-磁铁矿-硼镁石组合(图 9-6)、磁铁矿-硼镁石组合、遂安石-硼镁矿组合(图 9-7)。近矿围岩蚀变带分带明显,一般围岩—

阳起石、透闪石（电气石）带—金云母带—蛇纹岩带—含硼蛇纹岩（硼矿体）。

图 9-6　纤维状硼镁铁矿　　　　图 9-7　硼镁矿

9.4.6　其他类型变质非金属矿床

（1）变质石棉矿床。变质基性火山岩及铁质岩石中的蓝石棉矿床产于细碧岩或角斑岩内，受构造裂隙控制，蓝石棉呈现横纤维或纵纤维状充填其中，共生矿物有铁蓝闪石、镜铁矿、方解石、钠长石、重晶石、石英、玉髓、虎睛石、绿泥石等。

产于镁质碳酸盐岩中的透辉石石棉矿床含矿岩系为泥质板岩、硅质板岩夹透镜状白云质灰岩。石棉带产于透闪岩或白云质灰岩与顶底板围岩接触处。矿脉中组成矿物有透闪石石棉、纤硅石、石英、方解石。

（2）云母矿床。混合岩化碎云母矿床矿体由含铝岩层变质而成，产于太古宙混合岩化黑云母斜长片麻岩中，直接围岩为石英云母片岩。矿石为松软的云母集合体，含石英、石长、独居石和锆石。

（3）蓝晶石—红柱石—夕线石矿床（图 9-8~图 9-10），因 3 种矿物为 Al_2SiO_5 在不同温度压力下的同质异象变体，故常常共生在一起。

图 9-8 蓝晶石　　　图 9-9 红柱石　　　图 9-10 夕线石

（4）翡翠矿床分布于板块俯冲碰撞带内高压低温部位，原岩是一套基性—超基性岩。

（5）蓝宝石矿床主要分布于造山带或古老地台中的区域变质带，含矿岩体分布于富铝质混合片岩中，主要为刚玉黑云钾长（二长）混合片岩。